DES DÉFINITIONS

GÉOMÉTRIQUES

ET DES

DÉFINITIONS EMPIRIQUES

THÈSE PRÉSENTÉE A LA FACULTÉ DES LETTRES DE PARIS

PAR

LOUIS LIARD

Ancien élève de l'École normale, Licencié ès-sciences naturelles,
Agrégé de philosophie.

PARIS

LIBRAIRIE PHILOSOPHIQUE DE LADRANGE

RUE SAINT-ANDRÉ-DES-ARTS, 41

1873

à mon cher maître et ami bontéjean souvenir affectueux

L. Liard

DES

DÉFINITIONS GÉOMÉTRIQUES

ET

DES DÉFINITIONS EMPIRIQUES.

POITIERS. — TYPOGRAPHIE DE A. DUPRÉ.

A MONSIEUR

J. LACHELIER

MAÎTRE DE CONFÉRENCES A L'ÉCOLE NORMALE SUPÉRIEURE

HOMMAGE

D'UN ÉLÈVE

RECONNAISSANT ET DÉVOUÉ.

INTRODUCTION.

DE LA DÉFINITION EN GÉNÉRAL.

Le matériel de nos jugements se compose de représentations individuelles et d'idées générales. On décrit les représentations ; on définit les idées.

Décrire, c'est déterminer la circonscription d'un individu ; définir, c'est déterminer la circonscription d'une idée. La description se fait par l'accident, et la définition par l'essence.

Qu'est-ce que l'accident ? qu'est-ce que l'essence ?

L'accident est chose variable ; c'est tantôt un rapport fortuit et passager. Tout individu occupe dans l'espace et le temps une place déterminée, mais non pas invariable ; de là naissent entre lui et les choses circonvoisines, antérieures et postérieures, des relations qui changent quand il se déplace. Cet ensemble de relations particulières est un accident, car l'individu y entre et en sort sans cesser d'être le même individu. C'est tantôt une modification accessoire qui n'altère pour ainsi dire que la surface de l'être qui la subit, sans entamer le fond ; c'est, d'une manière plus générale, tout ce qui arrive aux êtres par un concours fortuit de circonstances extérieures.

L'essence est, au contraire, chose invariable : c'est l'ensemble des caractères intimes qui persistent au milieu du changement des relations et des modifications accidentelles ; c'est, par suite, ce que l'être possède en lui-même, ce qui ne peut cesser de lui appartenir sans qu'il cesse aussitôt d'exister.

Les noms communs sont, dans le langage, les signes des essences, et des combinaisons plus ou moins complexes de noms communs, de noms propres et d'adjectifs, les signes des accidents. Il en résulte qu'une chose doit toujours être désignée par le même nom, tant que les changements qu'elle subit n'en détruisent pas l'essence. On a voulu conclure de là que l'essence des choses n'était que la signification de leurs noms. « Suivant Porphyre, dit M. Stuart Mill, en altérant » une propriété qui n'est pas de l'essence de la chose, » on y établit simplement une différence ; on la fait » ἀλλοῖον ; mais en altérant une propriété qui est de » son essence, on la fait une autre chose, ἄλλο.— » Pour un logicien moderne, il est évident que le » changement qui rend la chose différente seulement, » et le changement qui en fait une chose autre ne se » distinguent qu'en ce que, dans le premier cas, la » chose, bien que changée, est encore appelée du » même nom. Ainsi, de la glace pilée dans un mortier, » mais toujours appelée glace, est ἀλλοῖον ; faites-la » fondre, elle devient ἄλλο, une autre chose, de l'eau. » Mais la chose est, dans les deux cas, la même, c'est-

» à-dire composée des mêmes particules de matière ;
» et on ne peut pas changer une chose quelconque de
» manière qu'elle cesse, en un sens, d'être ce qu'elle
» était. La seule identité qu'on puisse lui ôter est
» uniquement celle du nom. Quand la chose cesse
» d'être appelée glace, elle devient une autre chose.
» Son essence qui la constitue glace a disparu, tan-
» dis que, tant qu'elle continue d'être appelée ainsi,
» rien n'a disparu que quelques-uns de ses acci-
» dents (1). »

Ce passage contient plusieurs confusions qu'il importe de dissiper. D'abord, l'exemple sur lequel on
s'appuie est habilement choisi pour engendrer l'équi-
voque ; on abuse d'une richesse de la langue, qui a
deux noms différents pour désigner deux choses qui
ne diffèrent que par accident. L'eau, qu'elle soit solide
ou liquide, est essentiellement une combinaison d'oxygène et d'hydrogène ; pour devenir *autre chose*, il
faudrait qu'elle perdît quelqu'un de ses éléments
constitutifs ou qu'elle en reçût de nouveaux ; la glace
compacte et la glace liquéfiée ne diffèrent donc pas en
essence ; l'eau, en passant de l'état solide à l'état liquide, est toujours de l'eau, de même qu'un Européen,
s'il venait à changer de couleur, ne cesserait pas pour
cela d'être homme. — En second lieu, la signification
des mots, quelque part qu'y ait la convention, n'est
pas absolument arbitraire. Un mot est à la fois un
son et un signe ; comme son, il n'a aucun sens et n'est

(1) *Système de logique*, liv. I, ch. VI, *trad. Peisse.*

attaché à rien ; comme signe , il est uni à demeure à
une chose; sa signification est l'énoncé des propriétés
invariables de la chose désignée ; aussi tout changement dans la chose n'entraîne-t-il pas un changement
de nom. L'accident ne porte pas atteinte à l'essence ;
le nom de la chose demeure; mais si l'essence est
détruite , le nom disparaît. Le langage suit la réalité,
et la réalité ne suit pas le langage; autrement il suffirait de faire varier le sens des mots pour changer les
attributs des choses. Il faut donc retourner les propositions de M. Stuart Mill, et dire : une chose cesse
d'être appelée du même nom quand elle devient
autre chose ; elle continue d'être appelée du même
nom quand rien n'a disparu d'elle, si ce n'est quelques-uns de ses accidents. Par conséquent, quand
nous parlons d'essence, nous ne sommes pas dupes des
conventions du langage.

Des caractères de l'accident et de l'essence dérivent
les caractères des propositions accidentelles et des
propositions essentielles.

Toute proposition accidentelle est particulière. L'accident est une relation et une modification fortuite et
passagère ; que le sujet change de place, qu'il soit sous-
trait à l'action de la cause extérieure qui le modifie
par hasard, et l'accident disparaît ; la proposition par
laquelle on l'unit au sujet est donc vraie seulement
d'un seul individu, dans un point de l'espace et dans
un instant de la durée.

Toute proposition essentielle est, au contraire, universelle. L'essence est intérieure au sujet, et elle le

constitue ; quelques déplacements que subisse le sujet, il la porte partout avec lui ; s'il pouvait en être un instant dépouillé, il cesserait d'exister. La proposition par laquelle on affirme du sujet un de ses attributs essentiels est donc vraie dans tout l'espace et dans tout le temps, ou, pour mieux dire, abstraction faite de l'espace et du temps.

La proposition accidentelle implique l'existence du sujet. Puisque l'accident dérive de relations particulières et dans l'espace et dans le temps, si l'on considère simplement un sujet possible, on ne saurait en affirmer aucun accident, puisqu'on ignore quelles en seront les relations dans l'espace et dans le temps.

La possibilité du sujet suffit au contraire à la proposition essentielle. Puisque l'essence, une fois dégagée des accidents qui l'environnaient chez les individus, sort de l'espace et du temps et devient l'attribut d'une proposition universelle, elle peut être affirmée non-seulement des sujets réels, mais encore d'une multitude indéfinie de sujets possibles.

C'est par une synthèse que nous lions l'attribut au sujet dans la proposition accidentelle. Si l'expérience ne m'avait révélé les relations du sujet donné avec les sujets circonvoisins, j'en ignorerais les accidents.

C'est par une analyse que nous détachons d'une idée générale l'attribut essentiel que nous en affirmons ensuite ; le sujet est un tout complexe, formé par une synthèse antérieure, et nous en faisons sortir les attributs que nous y avons enveloppés.

Il suit de là que la proposition accidentelle est contingente, et la proposition essentielle nécessaire. Un sujet étant donné, il n'implique pas contradiction qu'il n'ait pas telle ou telle relation particulière ; au contraire, il implique contradiction qu'il n'ait pas tel ou tel attribut essentiel, puisque l'ensemble de ces attributs est le sujet lui-même.

La somme des attributs accidentels d'un sujet est la description de ce sujet ; la somme de ses attributs essentiels en est la définition.

On remarquera que la description implique la définition, de même que l'accident implique l'essence. On décrit les individus ; mais l'individu réalise une certaine essence dans un point de l'espace et dans un instant de la durée ; la description est donc l'ensemble des particularités qui s'attachent à l'essence aussitôt que celle-ci s'individualise. Mais, si l'essence est en acte dans l'individu, la définition est seulement en puissance dans la description. La couche des accidents décrits a pour support l'essence ; mais, par là même, ils la dérobent à nos regards, et, pour l'apercevoir, il faut faire tomber cette enveloppe fortuite et variable. Par conséquent, aucun des attributs compris dans la description ne saurait entrer dans la définition.

L'ensemble des attributs essentiels d'un sujet en constitue la compréhension. La définition consiste donc à énoncer la compréhension d'une idée.

La logique pure ne s'inquiète pas de savoir comment sont formées les idées ; qu'elles soient le résultat d'une synthèse *a priori* où d'une synthèse empirique, qu'elles soient faites d'un seul jet, pour ainsi dire, ou de pièces rapportées successivement les unes aux autres , peu importe ; elle ne voit en elles que des alliances permanentes d'éléments, exprimées chacune par un seul nom et réalisées dans un nombre indéfini d'individus.

Les deux caractères que la logique considère dans les idées générales sont l'extension et la compréhension.

L'extension d'une idée est égale à la somme des sujets individuels desquels cette idée peut être affirmée ; nous savons déjà que la compréhension de cette même idée est égale à la somme des attributs qui peuvent en être affirmés. Pour déterminer l'extension d'une idée , il faut additionner les sujets de toutes les propositions dont elle est l'attribut commun ; pour en déterminer la compréhension , il faut additionner les attributs de toutes les propositions essentielles dont elle est le sujet.

L'extension est indéfinie, puisque l'idée générale est vraie non-seulement d'êtres existants, mais encore d'êtres possibles , et que la possibilité n'a pas de limites. La compréhension, au contraire, est finie, puisqu'elle est un contenu , et que tout contenu est limité. Par conséquent , s'il faut renoncer à déterminer d'une manière précise et définitive l'extension d'une idée , on peut toujours en déterminer la compréhension ; il suffit pour cela de l'épuiser par l'analyse. Soit, par exemple, l'idée d'homme ; je la décompose, et j'y trouve contenus les attributs suivants : être, animal, vertébré, mammifère , bimane. L'ensemble de ces attributs est la compréhension ou la définition de l'idée d'homme.

Il suit de là que l'attribut de la définition est égal en extension au sujet, et qu'une telle proposition peut être convertie, sans qu'il soit besoin d'apporter quelque restriction à l'attribut. Si l'homme est l'être animal, vertébré, mammifère et bimane, tout être animal, vertébré, mammifère et bimane est homme.

De là résultent encore les deux règles fondamentales de la définition :

1º La définition doit convenir à tout le défini ;

2º La définition doit convenir au seul défini.

Il est aisé de voir que la seconde règle est une conséquence de la première. Plusieurs individus peuvent avoir même essence sans se confondre, car ils se distingueront toujours par leurs relations particulières, par leur situation dans l'espace et dans le temps, et par l'effort individuel que fait chacun d'eux pour réaliser l'essence commune à tous. Mais deux idées générales ne sauraient avoir même compréhension sans se fondre immédiatement en une seule. Comment la pensée les distinguerait-elle l'une de l'autre, puisqu'elles sont dépourvues d'accidents? Il n'existe donc pas dans l'entendement humain deux idées générales de même compréhension. Dès lors, si j'ai fait sortir de l'idée à définir tous les attributs qu'elle contient, leur somme lui appartient en propre et ne convient qu'à elle.

Distinctes les unes des autres, les différentes idées ne sont pourtant pas absolument isolées ; nous n'en voyons pas le lien tant que nous ne les avons pas définies ; mais, quand l'analyse en a fait sortir tous les attributs, nous constatons que tous ces attributs, moins un, ont une extension qui déborde de plus en plus les limites de l'idée définie. L'idée d'homme se résout dans les attributs bimane, mammifère, vertébré, animal et être. Homme et bimane ont même extension ; mais mammifère a une plus grande extension que bimane ; vertébré, une plus grande extension que mammifère ; animal, une plus grande extension que vertébré, et enfin être, une plus grande extension qu'animal. Ainsi, dans une idée, l'un des attributs est un principe de distinction, tandis que les autres sont les principes d'une communauté de plus en plus vaste.

Maintenant, si nous voulons comprendre la nature de la définition, il nous faut rechercher comment un attribut peut se restreindre de façon à entrer dans une idée d'extension moindre que lui.

Etre est l'attribut le plus général de tous ceux qui sont contenus dans l'idée d'homme, mais c'est aussi le moins déterminé ; en y accouplant les trois attributs moins généraux animal, végétal et minéral, j'y trace trois circonscriptions qui s'en partagent l'étendue entière ; de même, en accouplant à l'idée d'animal les attributs moins généraux de vertébré, de mollusque, d'articulé et de rayonné, j'en divise l'étendue totale en quatre portions ; de même, en liant à l'idée de vertébré les attributs moins généraux de mammifère, d'oiseau, de batracien, de reptile et de poisson, dans la circonscription mammifère, je détermine cinq circonscriptions de moindre étendue ; enfin, dans la circonscription mammifère, je découpe une portion exactement égale à l'extension de l'idée d'homme, en

joignant l'attribut bimane à l'attribut mammifère. Il
y a donc des provinces dans le royaume universel, des
départements dans ces provinces, des circonscriptions dans ces départements, et l'habitant de la circonscription est aussi habitant du département, de la
province et du royaume.

Ces restrictions graduelles de l'extension, qui par-
viennent à faire tenir l'attribut le plus général dans le
sujet le moins étendu, ne sont pas, comme on pourrait le croire, l'œuvre d'une addition arithmétique des
attributs, mais le résultat d'un enveloppement pro-
gressif qui rassemble et condense dans le sujet des
attributs plus étendus que lui ; et si nous développons
le tout ainsi formé, nous en verrons sortir les divers
éléments dans l'ordre de la généralité croissante. Ainsi,
de bimane sort l'attribut mammifère ; de mammifère,
l'attribut vertébré ; de vertébré, l'attribut animal ; d'a-
nimal, l'attribut être.

Puisque les éléments des idées sont inclus les uns
dans les autres, et que les moins généraux supposent
les plus généraux, on peut simplifier la formule de la
définition sans l'altérer. J'ai défini l'homme un être,
animal, vertébré, mammifère et bimane. Si mammifère implique vertébré, animal et être, je puis réduire
ma définition à ces termes plus simples : l'homme est
un mammifère bimane. C'est ce que les logiciens expriment en disant que la définition se fait *per genus et
differentiam.*

En logique, les genres sont des idées générales « tellement communes, qu'elles s'étendent à d'autres idées

qui sont encore universelles. » Les espèces sont « ces idées communes qui sont sous une plus commune et plus générale (1). » Ainsi l'idée de mammifère est un genre, puisqu'elle s'étend aux idées moins générales, mais encore universelles de bimane, quadrumane, etc. Au contraire, bimane et quadrumane sont des espèces du genre mammifère, puisque, tout en étant universelles, elles sont comprises sous l'idée plus générale de mammifère; la différence, c'est l'attribut qui s'unit à l'attribut générique pour constituer l'espèce.

Une espèce est donc constituée par deux attributs : l'un qui lui est commun avec plusieurs autres espèces, l'autre qui lui est propre et la distingue des autres espèces du même genre. La définition est donc complète, qui énonce le caractère spécifique et le caractère générique du défini, c'est-à-dire qui se fait *per genus et differentiam*. Si l'on ne se proposait, en définissant une idée, que de la distinguer de toutes les autres, il suffirait d'en indiquer la différence spécifique; mais définir, ce n'est pas seulement attacher à chaque idée une marque distinctive, c'est, comme nous l'avons vu, en tracer les limites. Le genre doit donc entrer dans la définition, puisqu'il est en quelque sorte l'étoffe commune sur laquelle sont décrites les circonscriptions des différentes espèces.

On doit conclure de là que toutes les idées ne peuvent être définies. La définition s'arrête en haut devant le genre suprême, qui couvre de son universelle éten-

----

(1) *Logique de Port-Royal*, 1re part., ch. VII.

due toutes les classes de moindre extension ; l'être n'a qu'un attribut, l'existence. En bas, les individus ne sauraient être définis, car ils n'ont pas entre eux de différences spécifiques, et ils ne se distinguent que par des accidents fortuits et éphémères. La définition se meut entre ces deux extrêmes.

Telle est, en peu de mots, la théorie logique de la définition. Rien n'est plus simple. Mais la logique formelle suppose résolues plusieurs questions de la plus haute importance. D'où nous viennent les éléments de nos idées ? comment se combinent-ils pour former ces systèmes que nous décomposons ensuite ? quel lien les enchaîne ? ce lien est-il accidentel ou nécessaire ? sommes-nous autorisés à croire à la permanence des totalités dont il unit les parties ?

Tant que ces questions n'ont pas reçu de réponse, la définition est un pur jeu de l'esprit. On en connaît peut-être le mécanisme, mais on en ignore à coup sûr la nature, la valeur et le rôle.

C'est cette nature, cette valeur et ce rôle que nous voudrions déterminer dans les deux sciences où les définitions passent pour occuper une place importante, c'est-à-dire dans la géométrie et dans les sciences naturelles.

CHAPITRE I.

ORIGINE DES NOTIONS GÉOMÉTRIQUES.

Examen de la théorie empirique : les notions géométriques ne sont le résultat ni de l'expérience brute, ni de l'abstraction, ni de la généralisation. — Examen de la théorie idéaliste : les notions géométriques ne sont pas l'œuvre de la pensée pure; elles supposent une matière, l'espace. — La géométrie à n dimensions. — L'hyperespace. — Interprétation de la géométrie non euclidienne.

Géométrie veut dire mesure de la terre; l'étymologie du mot, à défaut de témoignages historiques précis, nous apprend que la science de l'étendue fut d'abord un art empirique. Que cet art soit né, comme le raconte Hérodote, du besoin qu'éprouvèrent les Égyptiens de retrouver les limites de leurs champs effacées par les inondations du Nil, ou qu'il y ait, plus vraisemblablement, comme le pense Montucla, « une » certaine géométrie que la nature accorde à tous les » hommes, et dont l'origine est aussi ancienne que » celle des arts (1), » il est permis de croire que les premiers arpenteurs considérèrent seulement les formes naturelles. Mais, selon la judicieuse remarque de Kant (2), une révolution profonde ne tarda pas à s'opé-

(1) *Histoire des mathématiques*, liv. I.
(2) *Critique de la raison pure*, préface de la seconde édition.

rer dans la géométrie, qui la fit passer de l'état d'art à l'état de science. Les plus anciens des travaux géométriques qui nous soient parvenus sont postérieurs à cette révolution, car ils portent l'empreinte d'une spéculation déjà fort avancée, et ils témoignent de l'emploi de procédés supérieurs à ceux de l'empirisme naissant. Il n'est personne aujourd'hui qui méconnaisse l'existence de cette révolution féconde dont l'histoire ne nous fait pas connaître l'auteur; mais on discute encore pour savoir quel en fut le caractère essentiel. De là différentes théories sur l'origine des notions géométriques.

Suivant une école fort nombreuse de philosophes et de géomètres, ces notions dérivent de l'expérience et de l'abstraction travaillant sur une matière expérimentale. L'esprit ne saurait créer de toutes pièces, avec ses seules ressources, ni les données fondamentales de la géométrie, telles que les idées d'étendue, de forme en général et de situation, ni les formes particulières. L'existence de l'étendue et des trois dimensions de l'espace est un fait que je n'aurais jamais imaginé si j'étais réduit à la pure conscience de moimême. L'existence de la ligne droite, du triangle, du cercle, sont encore des faits de même nature qu'un être dépourvu de sens ne connaîtra jamais. Il y a dans toute figure des éléments dont on ne saurait trouver l'origine que dans l'expérience, à savoir le continu, la limite et la forme de ce continu, l'extériorité de la figure par rapport à la pensée, l'extériorité des diverses parties de la figure par rapport les unes aux autres. Toute forme, en un mot, est la forme de quelque chose, et la forme nous est donnée avec l'objet qui en est revêtu. Mais un objet naturel est un tissu de propriétés diverses que jamais nous ne considérons ensemble. L'œuvre intellectuelle consiste à séparer les unes des autres ces propriétés de différente nature, qui deviennent alors les objets de sciences différentes. C'est ainsi que le géomètre considère la forme des corps, sans tenir aucun compte des autres propriétés sensibles en compagnie desquelles elle nous est primitivement révélée. C'est cette abstraction qui constitue scientifiquement la géométrie, en rendant la démonstration possible : « Deux grandeurs géométriques, de » quelque espèce qu'elles soient, sont dites égales » lorsqu'on peut transporter l'une des deux en ne » changeant rien en elle, de manière qu'elle coïncide » complétement avec l'autre. Cette translation offrirait » des difficultés et même des impossibilités dans le » cas des corps solides, si l'on n'avait pas fait abstrac- » tion de leurs propriétés matérielles, et particulière- » ment de leur impénétrabilité (1). »

Un nouveau progrès de l'abstraction consiste à isoler les unes des autres les propriétés géométriques elles-mêmes. A parler rigoureusement, il n'y a pas de surface sans épaisseur, de ligne sans largeur, de point sans longueur ; mais, dans l'étude des formes géométriques, le savant considère la surface, la ligne et le point sans tenir compte de l'épaisseur, de la largeur

___

(1) Duhamel, *Des Méthodes dans les sciences de raisonnement*, 2e partie.

et de la longueur dont la surface, la ligne et le point ne sauraient être dépouillés en réalité. De même encore, dans une forme déterminée, il considère telle ou telle propriété en négligeant les propriétés collatérales. La géométrie est donc la science des formes matérielles, vidées par l'abstraction de la matière qu'elles contiennent réellement.

Faut-il accepter cette théorie ? — Remarquons d'abord que l'abstraction proprement dite se borne à isoler les unes des autres les qualités que l'expérience nous montre réunies dans un même objet, et qu'elle ne saurait les modifier en aucune façon. Un corps est devant moi ; je puis en éliminer par la pensée toutes les propriétés physiques et chimiques, et n'en conserver que le moule ; mais le moule vide a la même forme que le moule plein. Qu'elle soit plongée dans « l'onde colorée de la perception, » ou dégagée des qualités sensibles qui l'accompagnent, une figure est toujours identique à elle-même. Or chacun sait que les corps naturels sont loin de se plier aux formes pures et inflexibles de la géométrie ; dans la nature extérieure, aucune ligne n'est absolument droite, aucun cercle n'a des rayons absolument égaux, aucun triangle rectiligne n'a trois angles rigoureusement équivalents à deux angles droits ; la ligne droite des géomètres s'étend, au contraire, avec une rigidité parfaite d'un point à un autre ; les rayons de leur cercle sont rigoureusement égaux, et les trois angles de leurs triangles plans sont absolument équivalents à deux angles droits. Dira-t-on que l'abstraction, détachant la forme des propriétés physiques et chimiques, en a rectifié les contours? c'est alors supposer l'existence de modèles idéaux auxquels nous rapportons les formes réelles, pour en corriger les imperfections. Mais s'il en est ainsi, la notion du triangle, du cercle parfaits est antérieure à la perception des triangles et des cercles réels, et à quoi sert alors cette purification des formes matérielles, puisque les formes corrigées font double emploi avec les formes correctes?

En second lieu, l'abstraction ne crée rien. Les propriétés abstraites ne sont pas réelles, en ce sens que le monde n'est pas un chaos de qualités solitaires, flottant comme dans le vide; mais elles sont réelles, en cet autre sens qu'avant d'être isolées les unes des autres, elles faisaient partie de touts naturels; par conséquent, l'abstraction ne fournit qu'autant que fournit l'expérience. Or, d'une part, le nombre des formes géométriques réalisées par les corps est très-restreint, et, d'autre part, le nombre des figures géométriques possibles est indéfini. S'il est probable que les spéculations des premiers géomètres ne portèrent que sur les formes des corps, il est hors de doute que l'esprit humain était en possession d'un autre procédé que l'abstraction, lorsqu'il comprit que la liste des figures géométriques, courbes, surfaces, solides, n'était jamais close (1). Si donc l'abstraction est la source

---

(1) Quand Platon, Dinostrate, Nicomède, Dioclès inventèrent les sections coniques, la quadratrice, la conchoïde et la cissoïde, sans

unique des notions géométriques, pour découvrir
une forme nouvelle il me faut attendre une révélation
de l'expérience. Mais je sens en moi un pouvoir créa-
teur sans limites, dont les œuvres devancent et dépas-
sent les résultats de l'observation. Les sens ne m'ont
pas encore montré un polygone régulier de dix mille
côtés, et pourtant je ne laisse pas de concevoir cette
figure avec une clarté parfaite. Il faut donc ou bien
restreindre la géométrie à l'étude des seules formes
réelles, ce que les géomètres ne souffriront pas, ou
bien reconnaître aux notions géométriques une autre
origine que l'expérience. On sait, en outre, que la
quantité géométrique est infiniment variable, qu'une
ligne donnée, par exemple, peut être accrue au-delà
de toute limite assignable. Les objets de l'expérience,
quelque grands qu'on les suppose, sont toujours finis;
et l'on ne soutiendra pas que l'abstraction, en déga-
geant les formes de la combinaison de propriétés
sensibles dont elles étaient un élément, puisse les
étendre tout à coup au-delà des limites de la plus vaste
expérience. Le nombre infini des figures possibles et
des accroissements de la grandeur finie est donc un
signe manifeste de l'insuffisance des théories qui veu-
lent faire dériver les notions géométriques de l'expérience et de l'abstraction.

On demande enfin ce que devient, avec une pareille
théorie, la certitude de la démonstration. Nous recher-

_____

soupçonner peut-être la fécondité inépuisable du procédé générateur
des figures géométriques, ils le possédaient cependant, et ne se bor-
naient pas à abstraire les formes réelles.

cherons plus tard quels sont les principes du raisonnement géométrique; mais, sans qu'il soit besoin d'entrer
ici dans une discussion prématurée, nul n'ignore que
philosophes et géomètres sont unanimes pour accorder un rôle à la définition dans la démonstration. Si
les notions, objets des définitions, sont des résultats
de l'expérience, les propositions démontrées n'auront
qu'une valeur empirique. Je puis, en mesurant un
triangle, reconnaître que la somme de ses trois angles
est égale à deux angles droits ; mais qui m'assure que
tous les triangles sont dans ce cas ? qui me garantit la
similitude parfaite de toutes les figures de ce genre ?
Est-ce l'expérience ? mais les triangles réels sont loin
d'être de forme absolument semblable. Est-ce l'abstraction ? mais, l'abstraction étant impuissante à modifier les propriétés qu'elle isole, les formes abstraites
présenteront les mêmes différences que les formes
réelles ; par conséquent, les propriétés constatées dans
une figure auront toujours un caractère particulier.

Une modification, en apparence importante, a été
faite par M. Stuart Mill à la théorie que nous venons
d'examiner. Après avoir déclaré que « nous pensons
» toujours aux objets tels que nous les avons vus et
» touchés, et avec toutes les propriétés qui leur appar-
» tiennent naturellement, » mais que, « pour la con-
» venance scientifique, nous les feignons dépouillés de
» toute propriété, excepté celles qui sont essentielles à
» notre recherche et en vue desquelles nous voulons
» les considérer, » le logicien anglais ajoute que les
définitions géométriques doivent être considérées

» comme nos premières et nos plus évidentes généra-
» lisations relatives aux lignes et à toutes les figures
» telles qu'elles existent (1). » Pour expliquer l'origine des notions géométriques, M. Stuart Mill, outre
l'abstraction, fait donc intervenir la généralisation. On
pensera peut-être que la chose n'est pas nécessaire,
puisque ces deux procédés sont si intimement unis
qu'ils s'accompagnent presque toujours, et que la propriété abstraite devient générale aussitôt qu'elle a été
dégagée du groupe de qualités dont elle faisait partie.
Pourtant l'abstraction peut aller sans la généralisation,
car la propriété abstraite n'est qu'une propriété particulière, détachée d'une combinaison individuelle ; et pour
que l'esprit en fasse un attribut commun à toute une
classe d'objets, il faut qu'entre eux il ait saisi quelque
ressemblance. Puis donc que généraliser est un acte
de l'esprit postérieur à abstraire, nous sommes autorisés à voir dans les paroles de M. Stuart Mill rapportées plus haut une théorie distincte de la théorie
exposée au début de ce chapitre.

Une distinction est d'abord nécessaire : on généralise des rapports observés entre des faits ; on généralise des caractères et des idées. Je vois qu'à une
même température les volumes d'une masse donnée
de gaz sont en raison inverse des variations de la
pression supportée par ce gaz. Généralisant ce rapport
de succession, je dis : toutes les fois que la pression
supportée par une masse donnée de gaz variera, le

_____

(1) *Système de logique*, liv. II, ch. v.

volume occupé par ce gaz variera dans un rapport inverse; de la succession empirique, je passe ainsi à la succession rationnelle ; je m'élève du fait à la loi. Les définitions, qui, d'après M. Stuart Mill, sont les premières généralisations de l'expérience, ne sauraient être des généralisations de cette espèce ; elles n'énoncent pas en effet des relations découvertes entre deux ou plusieurs faits. Dans la définition, le sujet est identique à l'attribut ; le premier est l'expression abrégée du second, et le second, la formule analytique du premier. Mais on généralise aussi des idées. Un homme est devant moi : c'est un groupe individuel de propriétés ; je les détache l'une de l'autre par abstraction. La combinaison de ces propriétés ne pouvait être affirmée que du sujet soumis à mon examen ; mais chacune de ces propriétés constitutives, une fois sortie de la combinaison individuelle, peut être affirmée d'un nombre indéfini de sujets semblables ; de particulière, l'idée est devenue générale. Or, la forme étendue est une de ces propriétés données primitivement dans l'intuition totale; une fois abstraite et généralisée, on peut l'affirmer non-seulement de l'être individuel duquel on l'a extraite, mais d'un nombre illimité d'êtres semblables, quels que soient le lieu et le temps où ils apparaîtront. Voilà comment les notions de triangle, de cercle ou de toute autre forme, particulières à l'origine, deviennent les éléments des propositions générales de la géométrie.

Personne ne contestera l'existence des idées générales ; elles entrent comme sujet et comme attribut

dans presque tous nos jugements. Mais pour décider
si les notions géométriques sont « nos premières et
nos plus évidentes généralisations de l'expérience, »
nous devons nous demander quelle est au juste l'œuvre
de la généralisation. Elle augmente indéfiniment l'extension de l'idée, mais elle n'en modifie pas la compréhension ; elle l'étend, telle que l'abstraction la
fournit, à tous les individus d'une même espèce.
Mais nous savons que l'abstration dégage la propriété
de la combinaison dont elle faisait partie, sans la modifier en rien ; par conséquent, le contenu d'une idée
ne varie pas quand celle-ci, de particulière, devient
générale. Il résulte de là que l'idée généralisée de
triangle ou de cercle ne diffère pas de la représentation sensible d'un triangle ou d'un cercle individuel.
Mais M. Stuart Mill reconnaît lui-même « qu'il n'y a
» dans l'espace ni dans la nature aucun objet exacte-
» ment conforme aux définitions de la géométrie (1). »
Alors, ou bien la géométrie a pour objet des formes
pures et rigides, et la généralisation des données expérimentales ne peut en expliquer la parfaite rectitude,
ou bien elle porte sur les formes des objets matériels,
et la généralisation est inutile.

La généralisation des idées particulières entraîne
implicitement une proposition générale. L'abstraction,
en isolant les unes des autres les propriétés d'un individu, n'aurait aucun résultat scientifique ; tout au
plus servirait-elle à la connaissance des objets indi-

(1) *Système de logique*, liv. II, ch. v.

viduels. Mais en étendant à tous les individus d'une
même espèce les caractères extraits de quelques-uns
d'entre eux, nous passons du jugement empirique au
jugement scientifique ; les individus situés dans un
point déterminé de l'espace, et se manifestant à un
instant particulier du temps, disparaissent à nos yeux ;
nous ne voyons plus que des propriétés sans rapport
avec l'espace et le temps. Mais ces idées générales
sont un matériel qu'il faut mettre en œuvre ; isolées
les unes des autres, elles forment une fantasmagorie
ondoyante et sans ordre. Et que nous servirait, si les
choses restaient ainsi, d'avoir substitué aux intuitions précises des sens ces fantômes voltigeant dans le
vide ? Mais en même temps que l'esprit extrait une
qualité d'une combinaison particulière, il en extrait
un rapport ; en même temps qu'il généralise une idée,
il généralise une relation. Les êtres naturels sont,
comme nous le verrons plus tard, un tissu de propriétés
combinées entre elles et subordonnées les unes aux
autres, de telle sorte que, l'une étant donnée, l'autre
est donnée en même temps. Aussi nos idées générales
forment-elles des couples dont les termes sont indis-
solublement unis, sans quoi la généralisation serait un
jeu de l'esprit se dupant lui-même, et non une œuvre
de la pensée. Par exemple, j'ai dégagé de quelques
individus soumis à mon observation les caractères
propres à leur espèce ; j'étends à tous les individus
possibles de cette même espèce les résultats de l'expérience ; l'idée ainsi généralisée, sous peine de
rester un être de raison sans emploi scientifique, im-

plique que, les caractères de l'espèce étant donnés, les
caractères du genre, de la classe, de l'embranchement
sont aussi donnés ; de telle sorte que les premiers sont
les indices infaillibles des seconds, et qu'il me suffit
de constater la présence des uns pour être assuré que
les autres ne sont pas absents. L'idée générale renferme
donc implicitement une relation constante entre les
caractères qu'elle exprime et d'autres caractères sous-
entendus.

Peut-il en être ainsi des notions géométriques, expérimentales à l'origine, et généralisées ensuite ? Je
vois un corps dont la surface plane est terminée par
une ligne dont tous les points sont également distants
d'un point fixe ; j'abstrais cette forme, et, dit-on, je
la généralise. Qu'est-ce que généraliser ? c'est étendre
à tous les individus d'une même espèce le caractère
constaté dans quelques-uns d'entre eux. A quels
objets étendrai-je la propriété d'avoir une surface plane
terminée par une circonférence ? aux cercles apparem-
ment, puisqu'il n'y a aucune relation familière entre
les propriétés physiques ou chimiques et la forme géométrique d'un corps. J'aboutis donc à une proposition
de cette sorte : les corps terminés par une surface plane
circulaire seront toujours terminés par une surface
plane circulaire, et je demande ce que la généralisation a ajouté à l'expérience. On se ferait peut-être illusion sur l'inanité du résultat en songeant que les propriétés géométriques sont tellement unies entre elles,
que la présence de l'une dénote la présence des autres,
et on pourrait croire que généraliser les notions géomé-

triques expérimentales, c'est affirmer une liaison constante entre telle et telle propriété. Mais ce serait confondre la notion d'une propriété avec la notion d'une
figure, le théorème avec la définition. L'aire du triangle
plan s'obtient en multipliant sa base par la moitié de
sa hauteur : voilà un théorème; le triangle rectiligne
est une portion du plan limitée par trois lignes droites :
voilà une définition. Le théorème énonce une relation entre une figure et une propriété géométrique ;
la définition nous fait connaître l'essence d'une forme
déterminée. Quand on dit que les définitions sont des
généralisations de l'expérience, il s'agit de la généralisation non pas de rapports découverts entre des grandeurs différentes, mais des notions de figure et de
forme.

Il résulte de ce qui précède qu'après la généralisation
nous sommes toujours en présence de figures impar-
faites, non rectifiées, et que nous ne sommes pas plus
assurés qu'auparavant de la similitude rigoureuse de
toutes les figures de même espèce. On doit donc déclarer illusoire la nécessité attribuée d'ordinaire aux jugements mathématiques, ou bien faire de ceux-ci des généralisations de l'expérience. Le premier parti est inac-
ceptable, car il est la négation de la science ; le second
peut d'abord faire illusion et séduire. « Les sciences
» mathématiques, a-t-on dit, sont des sciences d'ex-
» périence et d'observation, uniquement fondées sur
» l'induction des faits particuliers, de même que l'as-
» tronomie, la mécanique, l'optique et la chimie (1). »

---

(1) Dr Beddoes. *Observat. sur la nat. de l'évid. démonstral.*

Mais, sous peine de faire rentrer l'*a priori* que l'on voulait proscrire à tout jamais, on s'aperçoit vite qu'une telle généralisation n'a aucune valeur apodictique. Je crois que la somme des trois angles d'un triangle rectiligne est équivalente à deux angles droits sur la foi d'une expérience répétée, et parce que je ne puis concevoir le contraire de cette proposition sans faire violence à un souvenir habituel et sans défigurer une image familière tracée dans mon esprit par une observation de chaque jour. Mais le passé est-il donc une garantie infaillible de l'avenir ? Qui m'assure, si je ne crois pas à l'existence d'un ordre universel, que demain je ne trouverai pas le monde bouleversé et les figures de la veille altérées ? et même, si, contraint de rendre à l'*a priori* ses droits méconnus, je fais reposer ma croyance à la similitude constante des figures de même espèce sur la croyance rationnelle à l'existence de l'ordre dans l'univers, les rapports empiriques généralisés ne vaudront pas pour l'avenir. L'induction étend à tous les êtres de même espèce les rapports observés dans quelques cas particuliers ; or aucune des formes matérielles n'est absolument parfaite ; par conséquent, pour que les propositions généralisées fussent d'une application constante, il faudrait que les formes futures reproduisissent exactement les incorrections des formes observées.

Entre ces deux extrêmes qui sont, l'un, une négation ouverte, et l'autre, une négation dissimulée de la science géométrique, M. Stuart Mill a pris un moyen terme : « Le caractère de nécessité assigné aux vé-

» rités mathématiques , et même la certitude parti-
» culière qu'on leur attribue, sont une illusion, laquelle
» ne se maintient qu'en supposant que ces vérités se
» rapportent à des objets et à des propriétés d'objets
» purement imaginaires (1); » et pour tirer de ces
principes hypothétiques des assertions applicables à la
réalité, nous feignons que les notions géométriques
correspondent aux choses , bien qu'en fait elles n'y
correspondent pas rigoureusement (2). Il y aurait donc
une science des formes pures et une application de
cette science à la réalité sensible. Mais cette substitution des formes pures et rigides aux figures incorrectes
et variables, que l'abstraction et la généralisation
réunies sont impuissantes à expliquer, est précisément
l'indice d'une intervention créatrice de l'esprit à l'origine de la géométrie. Ce n'est donc pas l'expérience
et ses auxiliaires accoutumés qui transformèrent la
mesure de la terre en science de l'étendue.

Une théorie diamétralement opposée à la théorie
empirique est celle qui voudrait faire sortir les notions
géométriques de la pure action de la pensée. Toute
démonstration géométrique , a-t-on dit , est « comme
un acte de perpétuel dédain relativement à l'espace. »
L'objet de la géométrie, comme celui de toute autre
science, « se ramène à des déterminations de la pensée
» et de l'activité ; c'est quelque chose de rationnel et
» de dynamique, irréductible à la quantité pure (3). »

---

(1) *Système de logique,* liv. II, ch. v.
(2) Ibid.
(3) A. Fouillée : *La Philos. de Platon,* 3ᵉ part., liv. I, chap. II.

Nous sommes loin de contester que, dans la genèse des
notions géométriques, le principe actif et fécond ne
soit l'esprit lui-même; mais on ne doit pas conclure
de là que la seule action de penser suffit à engendrer
les notions mathématiques. Toute opération d'arithmétique ou d'algèbre revient, en dernière analyse, à une
addition de parties identiques. L'esprit possède le pouvoir de faire varier indéfiniment les grandeurs données,
qui, par elles-mêmes, n'opposent aucun obstacle aux
opérations dont elles sont l'objet; en ce sens l'esprit
est indépendant de l'espace et de la quantité; mais
pourtant cet espace, cette quantité indéterminés sont
la matière sans laquelle l'activité mentale serait infé-
conde. Que cette matière disparaisse, et la moindre
opération arithmétique ou géométrique est désormais
impossible. L'unité de la conscience nous fait concevoir l'unité numérique; mais si une matière multiple
n'est pas donnée à la pensée, nous serons à tout
jamais confinés dans cette unité isolée, incapable de
se doubler ou de se diviser elle-même; jamais nous ne
formerons le nombre 2, le plus simple des nombres.
D'où nous viendraient, en effet, les idées de la du-
plication et de la pluralité? Dira-t-on que nous les
trouvons dans la conscience de nos différents pouvoirs intérieurs, ou dans celle de nos divers états
psychologiques? Mais comment ces pouvoirs distincts
nous seraient-ils révélés si des objets divers ne les
sollicitaient à sortir du sommeil de la puissance?
comment aurions-nous conscience d'une succession
d'états intérieurs si la pensée ne se portait sur des

objets distincts ? Réduits à la possibilité abstraite de
la pensée, ou, si l'on aime mieux, à la conscience pure
de l'unité spirituelle, il nous serait absolument impossible de penser la pluralité. Et même, pour parler en
toute rigueur, comme l'unité n'a de sens que comme
contraire d'une pluralité, dans cet état imaginaire
nous pourrions avoir la conscience d'un être un, sans
avoir la notion de l'unité ; à plus forte raison n'aurions-
nous pas la plus simple des notions géométriques.
Soit, par exemple, la notion d'une ligne ; elle renferme
plusieurs choses étrangères au pur fait de penser :
d'abord l'extériorité de la ligne par rapport à l'esprit ;
puis une pluralité de parties juxtaposées dont nous ne
trouvons pas le type dans l'unité de notre pensée,
supposée abstraite de toute pluralité extérieure. Quand
il s'agit de nombres, nous pouvons faire toutes les opérations de l'arithmétique sans sortir de nous-mêmes,
à la condition qu'une pluralité d'états successifs
soit donnée à la conscience ; mais toute notion géométrique, si élémentaire qu'on la suppose, implique une
représentation objective. Que la génération des figures
soit le résultat d'un acte intellectuel, c'est ce que nous
constaterons bientôt ; mais cette figure, engendrée par
mon esprit, est quelque chose hors de moi ; c'est une
détermination d'un espace qui m'est extérieur. Réduits à la pure action de penser, en supposant même
donnée à la conscience une succession d'états intérieurs, nous pourrions, à la rigueur, créer l'arithmétique et l'algèbre, en un mot la science de la quantité
discrète, mais jamais nous n'engendrerions la science

de la quantité continue, c'est-à-dire la géométrie.
L'espace est aussi indispensable au géomètre que le
marbre au statuaire.

On pourrait invoquer en faveur d'une origine purement intellectuelle de la géométrie les récents progrès
et l'extension nouvelle de cette science. La géométrie,
telle que nous l'ont transmise les anciens, telle que
l'ont transformée les modernes auteurs de l'analyse, ne
considérait que les lignes, les surfaces et les solides.
Tant qu'elle n'était pas sortie de l'espace à trois dimensions, on pouvait soutenir avec vraisemblance que l'intuition de la quantité continue étalée hors de nous était
indispensable aux spéculations géométriques ; mais
voilà que, par une révolution profonde, et dont les résultats peuvent encore à peine être prévus, le domaine
de cette science s'est élargi dans tous les sens; la géométrie des lignes, des surfaces, des solides n'est plus
qu'un fragment d'une géométrie universelle, qui ne
s'astreint pas à la seule considération des trois dimensions de notre étendue sensible, mais qui raisonne sur
quatre, cinq, et n dimensions ; voilà qu'à l'espace
s'est ajouté l'hyperespace ; voilà que le contraire de
vérités vraies dans notre espace a été démontré (1).
N'est-ce pas une preuve que c'est seulement par
occasion, et non par suite d'une nécessité invincible,

(1) Le onzième axiome d'Euclide est le suivant : Deux droites perpendiculaires à une troisième ne se rencontrent jamais, quelque loin
qu'on les prolonge. Voici la seizième proposition de Lobatchewski :
« Toutes les droites tracées par un même point dans le plan peuvent
» se distribuer, par rapport à une droite donnée dans ce plan, en

que l'esprit, en créant la géométrie, s'attache à l'intuition de l'espace?

Nous ferons remarquer d'abord que la prétendue géométrie à 4, à 5, à n dimensions est une extension de l'analyse algébrique, et non pas de la géométrie proprement dite. Dans la géométrie analytique, une équation à deux variables représente une ligne ; une équation à trois variables, une surface ; si je fais entrer dans les équations 4, 5, n variables, et que je les traite par les procédés ordinaires de l'algèbre, j'appellerai cette analyse, plus complexe que l'analyse ordinaire, géométrie à 4, à 5, à n dimensions, bien qu'elle ne soit pas susceptible d'une interprétation géométrique ; mais c'est seulement pour ne pas compliquer le langage que je conserve, par analogie, le nom de géométrie, qui ne s'applique rigoureusement qu'à l'analyse à 2 et à 3 variables. Ainsi parle Sylvester, un de ceux qui les premiers ont conçu cette pseudo-géométrie, qui ne saurait recevoir d'interprétation géométrique (1).

La conception de l'hyperespace est différente ; mais nous allons voir qu'elle implique une induction impossible sans l'intuition de l'espace à trois dimensions.

Supposons un être linéaire astreint à se mouvoir,

» deux classes, savoir : en droites *qui coupent* la droite donnée, et en » droites *qui ne la coupent pas*. La droite qui forme la limite commune de ces deux classes est dite *parallèle* à la droite donnée. » Il résulte de là que les parallèles, au sens euclidien du mot, peuvent se rencontrer, et se rencontrent en effet.

(1) Dans un récent mémoire publié dans les *Comptes rendus de l'Académie des sciences* (1872), M. Jordan considère la géométrie à plus de trois dimensions comme une pure extension de l'analyse algébrique.

sans se déformer, sur une ligne, c'est-à-dire sur un espace à une dimension. Il est évident qu'un tel être n'aurait que la notion de l'avant et de l'arrière; mais il ne serait pas réduit à suivre toujours la ligne droite; il pourrait se déplacer sur toutes les lignes dont une portion quelconque peut être superposée à une autre portion quelconque sans duplicature, c'est-à-dire sur les lignes de courbure constante. Mais la science des espaces à une dimension qu'il peut parcourir lui serait interdite; en effet, on ne saurait la faire qu'en se plaçant au point de vue d'un espace à deux dimensions.

Supposons maintenant un être superficiel astreint à se mouvoir, sans se déformer, sur une surface, c'est-à-dire sur un espace à deux dimensions; il est encore évident qu'un tel être n'aurait que la notion de l'avant et de l'arrière, du gauche et du droit. Mais il est plusieurs surfaces sur lesquelles il pourrait se déplacer sans déformation. On en connaît trois; ce sont les surfaces de courbure constante, la sphère, le plan et la surface pseudo-sphérique, qui sont telles qu'une portion quelconque peut en être superposée à une autre portion quelconque sans duplicature ni déchirure; seulement l'être superficiel que nous imaginons ici ne saurait faire la géométrie de ces surfaces; il faut, pour cela, se placer au point de vue d'un espace à trois dimensions.

Dans l'espace où nous nous mouvons, nous ne percevons que trois dimensions; mais est-ce en vertu d'une nécessité des choses ou de notre nature? ne sommes-nous pas dans une situation analogue à celle de l'être linéaire ou de l'être superficiel, qui ne sauraient percevoir qu'une ou deux dimensions, par suite des conditions imposées à leur déplacement? ne peut-on pas concevoir un hyperespace dans lequel serait notre espace, comme les lignes sont dans la surface, et les surfaces dans l'espace à trois dimensions? De plus, de même qu'il existe plusieurs lignes et plusieurs surfaces sur lesquelles l'être linéaire et l'être superficiel peuvent se mouvoir sans déformation, ne peut-on pas, en se plaçant au point de vue d'un espace à quatre dimensions, concevoir et étudier plusieurs espaces à trois dimensions, jouissant de propriétés communes, que l'on appellerait, par analogie, espaces de courbure constante, et parmi lesquels l'espace physique dont nous faisons la géométrie, et qui est défini par l'axiome de la ligne droite et par le postulatum d'Euclide, serait analogue au plan dans les surfaces de courbure constante? — On le voit, c'est par une généralisation progressive de la géométrie à une, à deux, à trois dimensions, qui suppose l'intuition de l'espace, que l'on s'élève à la conception d'une géométrie plus générale, qui se refuse à toute représentation objective.

Pour ce qui est de la géométrie, en apparence paradoxale, de Lobatchewski, nous ferons observer d'abord que son auteur ne se passe nullement de l'espace. Il commence par poser quinze propositions sur les lignes droites, les triangles rectilignes et les triangles sphériques, qui peuvent être démontrées sans

l'intervention du célèbre postulatum d'Euclide (1);
puis, quand il aborde ses théorèmes originaux, il se
sert de figures et fait, par conséquent, appel à la faculté d'intuition aussi bien que les géomètres eucli-
diens. Ce sont ces théorèmes originaux qui semblent
de nature à dérouter les philosophes et à justifier pleinement la thèse que nous combattons. En fait, la
géométrie euclidienne est réalisée autour de nous;
mais le contraire du postulat sur lequel elle repose est
géométriquement possible; si, dans notre espace physique, deux droites perpendiculaires à une troisième
ne se rencontrent pas, on peut concevoir qu'elles se
rencontrent, et que, par suite, la somme des trois
angles d'un triangle ne soit pas égale à deux angles
droits. Mais les récents travaux d'un profond géomètre
italien ont répandu la lumière sur cette obscure question, et autorisent à voir dans la géométrie non euclidienne, géométriquement interprétée, une extension de la géométrie euclidienne (2).

---

(1) *Études géométriques sur la théorie des parallèles*, trad. par
Hoüel. — Bolyai admet, de même, certaines propositions vraies dans
son système et dans celui d'Euclide; il dit en propres termes: « Tous
» les résultats que nous énoncerons sans désigner expressément si
» c'est dans le système Σ (géométrie qui repose sur la vérité de
» l'axiome XI d'Euclide) ou dans le système S (système fondé sur
» l'hypothèse contraire) qu'ils ont lieu, devront être considérés comme
» énoncés d'une manière absolue, c'est-à-dire qu'ils seront donnés
» comme vrais, soit qu'on se place dans le système Σ ou dans le sys-
» tème S. » (*La sci. absolue de l'espace, indépendante de la vérité et de
la fausseté de l'ax. XI d'Euclide*, par Jean Bolyaï, p. 30.)

(2) E. Beltrami, *Essai d'interprétation de la géométrie non euclidienne*, traduit par J. Hoüel; *Annales scientifiques de l'école normale
sup.*, tome VI, année 1869.

Euclide ne considère que le plan parmi les surfaces.
La géométrie plane a pour point de départ le postulat
suivant : une ligne droite est déterminée par deux de
ses points. Mais cette propriété appartient aussi aux
lignes géodésiques tracées sur les surfaces de courbure constante ; et de même que, dans le plan, on ne
peut mener qu'une seule ligne droite d'un point à un
autre, de même, sur ces surfaces, d'un point à un
autre, on ne peut mener qu'une ligne géodésique (1).
Si maintenant on remarque que le critérium fonda-
mental des démonstrations de la géométrie consiste
dans la *superposition des figures égales*, et que l'on
peut aussi superposer sans déchirure ni duplicature,
à l'aide de simples flexions, une portion quelconque
d'une surface de courbure constante à une autre portion quelconque de la même surface, on comprendra
aisément qu'il existe une géométrie générale,
dont la géométrie plane n'est en quelque sorte qu'un
cas particulier, et dont les démonstrations s'étendent
à toutes les surfaces de courbure constante, c'est-à-
dire à la sphère, dont le rayon de courbure est positif,
à la pseudo-sphère, dont le rayon de courbure est
négatif, et au plan, dont le rayon de courbure est nul.

Mais l'analogie de ces trois surfaces n'est pas absolument complète ; chacune d'elles a ses caractères par-

---

(1) Cette règle, que nous énonçons d'une manière générale, souffre
des exceptions pour les surfaces de courbure constante positive. Ainsi,
sur la sphère, on peut mener une multitude de lignes géodésiques
égales entre deux points diamétralement opposés. C'est là un cas de
ces exceptions spécifiques dont nous signalons plus loin l'existence.

ticuliers et en quelque sorte spécifiques; de là, certains théorèmes propres, les uns à la surface sphérique, les autres au plan, les autres enfin à la surface
pseudo-sphérique. C'est là ce qui permet de comprendre les paradoxes apparents de Lobatchewski.
Ainsi, dans le plan, deux droites perpendiculaires à
une troisième ne se rencontrent pas; la somme des
trois angles d'un triangle est égale à deux angles
droits; mais, sur la surface sphérique, deux droites
perpendiculaires à une troisième se rencontrent, et la
somme des trois angles d'un triangle varie entre deux
et six angles droits. « C'est ainsi, dit M. Beltrami,
» que certains résultats qui semblent incompatibles
» avec l'hypothèse du plan peuvent devenir conci-
» liables avec celle d'une surface de l'espèce en ques-
» tion, et recevoir par là une explication non moins
» simple que satisfaisante (1). »

_____

(1) Dans un autre mémoire, le même auteur s'exprime ainsi : « Si
» l'on appelle *parallèles* deux lignes géodésiques convergentes vers un
» même point à l'infini, on voit que, par un point, on peut mener deux
» lignes géodésiques distinctes, parallèles à une ligne géodésique don-
» née; que ces deux parallèles sont également inclinées de part et
» d'autre sur la ligne géodésique menée normalement du même point
» à la ligne donnée; ce résultat s'accorde pleinement avec celui qui
» forme la base de la *géométrie non euclidienne...* La possibilité de
» sa construction, au moyen de la synthèse ordinaire (en la limitant à
» l'espace de trois dimensions), dépend, en premier lieu, de ce que,
» comme on l'a démontré, dans les espaces de courbure constante
» (positive et négative), toute figure *peut* être changée de position
» sans subir aucune altération dans la grandeur et dans la disposition
» mutuelle de ses éléments contigus, *possibilité* d'où dépend *l'existence*
» *des figures égales*, et, par suite, la validité du *principe de superposi-*
» *tion.* En second lieu, dans les espaces de courbure constante néga-
» tive, les lignes géodésiques sont caractérisées, comme la droite

Par conséquent, l'existence de la géométrie *imagi-naire* ne fait que fortifier, loin de l'infirmer, la conclusion à laquelle nous étions parvenus plus haut, à savoir que l'esprit, pour créer la géométrie, a besoin d'une matière, et que cette matière est l'espace.

» euclidienne, par la propriété d'être déterminées sans ambiguïté, par » *deux* de leurs points seulement, de sorte que *l'axiome de la droite* a » lieu pour ces lignes. Et pareillement, les surfaces de premier ordre » sont caractérisées, comme le plan euclidien, par la propriété d'être » déterminées par *trois* de leurs points seulement, de sorte que pour » ces surfaces a lieu *l'axiome du plan...* La planimétrie non eucli-» dienne n'est autre chose que la géométrie des surfaces de courbure » constante négative. » (E. Beltrami, *Théorie fondamentale des espaces de courbure constante,* trad. par J. Hoüel. — *Ann. scient. de l'École normale sup.,* t. VI, an. 1869.)

CHAPITRE II.

ORIGINE DES NOTIONS GÉOMÉTRIQUES (SUITE).

Principes des notions géométriques : espace, esprit, mouvement. — Génération des lignes, des surfaces, des volumes. — Passage de la géométrie élémentaire à la géométrie analytique. — L'infini géométrique. — L'imagination en géométrie.

L'espace indéfini, homogène, indifférent par lui-même à toutes les déterminations, mais capable de les recevoir toutes, telle est la matière de la géométrie. Les anciens géomètres, si soucieux de la rigueur logique, l'avaient bien compris : de là ces demandes qu'ils inscrivaient en tête de leurs traités. « Je demande, » dit Euclide avant de formuler ses théorèmes, de » pouvoir : 1° mener une ligne droite d'un point quel- » conque à un autre point quelconque ; 2° prolonger » indéfiniment, suivant sa direction, une ligne droite » finie ; 3° décrire un cercle d'un point quelconque » comme centre, et avec une distance quelconque. » Cela ne revient-il pas à dire : donnez-moi l'espace indéfini, homogène, et pouvant recevoir toutes les déterminations, et je crée la géométrie? Comment, en effet, mener une ligne droite d'un point quelconque à un autre point quelconque, si l'espace qui sépare ces deux points opposait quelque obstacle à la construc-

tion, c'est-à-dire s'il n'était pas indifférent à toute détermination particulière ? comment prendre un point
quelconque pour centre d'un cercle, et une distance
quelconque pour rayon, si la même construction ne
pouvait être répétée identiquement en tout lieu, c'est-
à-dire si l'espace n'était pas homogène ? comment enfin prolonger indéfiniment, suivant sa direction, une
ligne droite finie, si l'espace n'était pas toujours là
pour recevoir le nombre illimité des accroissements
successifs de la grandeur donnée, c'est-à-dire s'il n'é-
tait pas lui-même indéfini ? La quatrième demande,
que quelques géomètres modernes ont cru devoir ajouter aux trois postulata d'Euclide, n'implique pas autre
chose : « Nous demanderons qu'une figure invariable
» de forme puisse être transportée d'une manière
» quelconque dans son plan et dans l'espace (1). »
   Telle est la matière de la géométrie. Mais cet espace
indéterminé ne se déterminera pas lui-même ; cette
matière illimitée ne s'imposera pas à elle-même des
limites ; ce principe passif ne sortira pas lui-même de
l'inertie. Pour que la géométrie soit, il faut l'intervention d'une cause déterminante, d'un principe actif,
capable de tailler un nombre indéfini de figures dans
cette étoffe immense. Cette cause active, c'est l'esprit.
   Espace indéfini, indéterminé d'une part, activité
spirituelle d'autre part, voilà déjà deux des facteurs
de la géométrie. La question est maintenant de savoir
comment l'esprit agira sur l'espace, comment le prin-

(1) Hoüel, *Es. crit. sur les princ. fondam. de la géom. élém.*

cipe actif déterminera la matière passive. Si nous examinons séparément chacun de ces deux facteurs, nous ne trouvons aucun passage de l'un à l'autre. Nous nous représentons l'espace comme un solide tendu à l'infini dans tous les sens, et pouvant recevoir toutes les figures; d'autre part, l'esprit a pour fonction essentielle de lier selon certains rapports des éléments variés, c'est-à-dire d'imposer l'unité à une multiplicité donnée. Ces éléments, dont la pensée forme des couples, ne sont pas le fruit de l'expérience brute; ils ont déjà subi, quand elle les met en œuvre, une élaboration préparatoire; ce ne sont plus des représentations purement expérimentales, mais des idées générales et abstraites, desquelles un travail préliminaire a fait disparaître la particularité, propre de l'expérience, impropre à la pensée. On conçoit aisément de quelle manière le passage s'établit entre la pensée et ces notions ainsi purifiées; les idées générales, distinctes les unes des autres, sont fournies successivement à l'esprit; l'acte intellectuel consiste à faire de cette pluralité, en elle-même incohérente, des totalités coordonnées. Mais l'espace, bien que divers et multiple en puissance, est un et continu en acte; on ne saurait dire que les déterminations en sont données à la pensée comme le sont les idées générales dans la connaissance expérimentale; ce serait en effet supposer la question résolue, puisqu'il s'agit de savoir comment l'action intellectuelle impose à l'espace indéterminé et passif les déterminations qu'il peut recevoir. La pensée a donc d'abord à créer véritablement

une multiplicité. Comment ces deux termes hétérogènes entreront-ils en rapport ? il faut entre eux un
intermédiaire qui participe à la fois de l'un et de l'autre,
qui soit un comme la pensée, et multiple en puissance
comme l'espace, de telle sorte qu'en se réalisant, il
réalise la multiplicité virtuelle de l'espace. Cet intermédiaire, ce sera le mouvement.

Donnez-moi la matière et le mouvement, disait
Descartes, et je créerai le monde. De même, le mathématicien pourrait dire : donnez-moi l'espace et le
mouvement, et je créerai la géométrie. Toute notion
géométrique implique à la fois unité, pluralité et continuité. Toute figure est une ; mais elle est composée
de parties ; mais ces parties sont unies entre elles de
manière à former un tout continu et indissoluble. De
même, le mouvement implique à la fois unité, pluralité et continuité. Il est un par sa racine, qui est l'âme ;
il est multiple par ses points d'application, qui sont
dans l'espace ; mais en même temps il est continu,
précisément parce qu'il est une synthèse de l'unité et
de la multiplicité ; il n'est donc pas étonnant qu'il soit
le moyen terme grâce auquel l'unité spirituelle déterminera la pluralité virtuelle de l'espace.

Il peut sembler, au premier abord, que demander
ainsi le mouvement pour engendrer les figures géométriques, ce soit faire un cercle vicieux (1). Tout mouve-

---

(1) Il va sans dire que nous parlons seulement du mouvement géométrique, abstraction faite du temps et de la vitesse. Le mouvement
dans le temps est l'objet de la cinématique et non de la géométrie
pure.

ment, en effet, a une direction déterminée, rectiligne,
circulaire, elliptique, parabolique, etc.; la notion de
figure paraît donc impliquée dans la notion de direction, et la genèse des déterminations géométriques
antérieure au mouvement dans l'espace. Le cercle n'est
qu'apparent. La notion des grandeurs continues et
celle du mouvement sont si intimement unies l'une à
l'autre, que nous avons peine à les séparer (1). Toutefois, si, plus tard, nous qualifions les différents mouvements par les noms mêmes des différentes figures, à
l'origine, c'est au mouvement que nous devons la détermination du continu étendu. Supposons-nous absolument immobiles en présence d'un plan. Nous n'en
percevons avec netteté que le seul point dont l'image
se forme au centre de la tache jaune de notre rétine.
Si, à la rigueur, une telle perception nous donne l'impression d'étendue, il est évident qu'elle ne nous
fournit pas la représentation d'une grandeur déterminée. Ce point, vu en pleine lumière, est entouré
d'une pénombre dont l'éclat va décroissant du centre
à la circonférence, et cette dégradation insensible des
rayons lumineux ne nous permet pas de percevoir des
contours nettement dessinés. Aussi, en nous supposant absolument immobiles en face de ce plan, ne le
percevrons-nous pas. Que faut-il pour en avoir une
représentation distincte? Amener chaque élément de
sa surface et de son périmètre au point le plus distinct

---

(1) Leibnitz a dit : « Il est clair que l'idée du mouvement *contient*
celle de la figure. » (*Nouv. Es.*, liv, II. ch. vi.)

de la vision. La chose peut se faire de deux manières :
ou bien en déplaçant le plan, ou bien en déplaçant
l'œil ; mais, dans un cas comme dans l'autre, un mouvement est nécessaire. La perception de l'étendue suppose donc une synthèse successive et continue d'éléments juxtaposés.

Ainsi, l'espace multiple en puissance, l'esprit un et
le mouvement un et multiple à la fois, voilà les trois
principes indispensables de toute construction géométrique. Il semble que nous puissions maintenant assister à la genèse des déterminations de l'espace ; il n'en
est rien pourtant ; une opération préparatoire est nécessaire.

Tous les géomètres commencent par définir le volume, la surface et la ligne ; puis ils produisent les
définitions des lignes, des surfaces, et des volumes particuliers, de la ligne droite, par exemple, de la circonférence, du triangle, de l'hexagone, du cube, du prisme,
du cylindre, etc. On insiste peu, d'ordinaire, sur la
différence profonde qui sépare ces trois premières notions : volume, surface et ligne, des suivantes : ligne
droite, carré, cube, etc. ; ou, quand on les distingue, on
considère les premières comme des genres dont les
secondes sont les espèces : ainsi un parallélipipède rectangle serait une espèce du genre volume ; un triangle
isoscèle, une espèce du genre surface ; une circonférence, une espèce du genre ligne. Mais, à parler rigoureusement, il n'y a ni genres ni espèces dans les figures
géométriques ; et si le géomètre commence par définir
le volume, la surface et la ligne, c'est qu'il obéit à un

besoin invincible, inhérent à la nature même de la science qu'il construit.

On définit, le plus souvent, la géométrie la science de l'étendue, ou encore la science des déterminations possibles de l'espace. La première de ces définitions paraît impliquer que le géomètre prend toujours pour objet de ses recherches les formes réalisées dans la nature ; elle assignerait donc à la géométrie une origine empirique, et elle en restreindrait singulièrement le domaine. La seconde, qui donne pour objet à la géométrie les déterminations possibles de l'espace, maintient le caractère rationnel et le domaine illimité de cette science ; mais elle est incomplète, car elle indique sur quels objets portent les recherches géométriques, et non pas quel est l'objet propre de ces recherches. On peut en effet demander : qu'est-ce que faire la science des déterminations de l'espace ? A cette question, Aug. Comte a répondu : c'est mesurer directement ou indirectement l'étendue (1). Avant lui, Hobbes avait dit : « *Est geometria scientia qua ex* » *aliqua vel aliquibus mensuratis, per ratiocinatio-* » *nem determinamus quantitates alias non mensura-* » *tas.* (2) » Cette définition est excellente.

Toute question mathématique revient, en dernière analyse, à une question de mesure ; mais comme, le plus souvent, la mesure directe est impossible, nous suppléons à cette impuissance par les artifices du cal-

---

(1) *Cours de phil. posit.*, 10ᵉ leç.
(2) *De Principiis et Ratiocinatione geometrarum.*— Londini, 1666.

cul ; en rattachant à des grandeurs susceptibles d'une mesure directe celles qui ne peuvent en recevoir, nous parvenons à découvrir la mesure des secondes, grâce aux relations qu'elles ont avec les premières (1). Ce qui est vrai des grandeurs en général l'est en particulier des grandeurs géométriques. Mesurer des volumes revient à mesurer des surfaces. Soit, par exemple, à trouver le volume d'un cylindre donné. Le procédé direct consisterait à prendre un certain cylindre pour unité, et à voir combien de fois il est contenu dans le premier. La chose est impossible ; mais je sais que le cylindre peut être considéré comme un prisme à base circulaire ; or le volume du prisme s'obtient en multipliant sa base par sa hauteur ; par conséquent le volume du cylindre s'obtiendra de la même façon. L'artifice consiste donc à substituer à la mesure directe impossible la mesure d'une ligne et d'une surface. De même, le volume du cube, celui du parallélipipède, celui du prisme s'obtiennent en multipliant la surface de leur base par leur hauteur. La mesure des solides suppose donc la mesure des surfaces ; à son tour, la mesure des surfaces se réduit à la mesure des lignes. La comparaison immédiate entre surfaces est assez fréquente ; je puis superposer deux triangles, deux polygones, deux cercles ; mais quand il s'agit non plus de constater l'égalité ou l'inégalité de deux figures, mais de les mesurer, le procédé direct consisterait à rechercher combien de fois une certaine surface prise

(1) Voir toute la 3ᵉ leçon du *Cours de phil. posit.*

pour unité est contenue dans telle surface donnée;
or, si parfois on peut le faire, par exemple, pour le
rectangle, dont la base et la hauteur ont une commune
mesure, le plus souvent la chose est impossible.
Aussi transforme-t-on la mesure des surfaces en mesure de lignes : ainsi, la surface d'un triangle s'obtient en multiplant sa base par la moitié de sa hauteur; celle des polygones réguliers, en multipliant le
périmètre par la moitié de l'apothème. La substitution
des mesures indirectes aux mesures directes ne s'arrête pas là : la mesure des courbes est elle-même ra-
menée à la mesure des lignes droites ; par exemple,
le rapport de la circonférence au diamètre une fois
déterminé, il suffit, pour trouver la circonférence d'un
cercle, d'en connaître le rayon ; de la longueur des
deux axes dépend la longueur de l'ellipse; du diamètre du cercle générateur dépend la longueur de
la cycloïde. Sans qu'il soit besoin de multiplier les
exemples particuliers, on peut dire, en général, qu'il
existe toujours certaines droites dont la longueur suffit à déterminer celle d'une courbe quelconque. Aussi
Aug. Comte, si profond dans la philosophie mathématique, a-t-il pu dire avec raison que la science
géométrique, conçue dans son ensemble, avait « pour
» destination générale de réduire finalement la com-
» paraison de toutes les espèces d'étendue, volumes,
» surfaces ou lignes, à de simples comparaisons de
» lignes droites, les seules regardées comme pouvant
» être effectuées immédiatement, et qui, en effet,

» ne sauraient être évidemment ramenées à d'autres
» plus faciles (1). »

La géométrie des lignes est donc indispensable à la
géométrie des surfaces, et la géométrie des surfaces
à celle des volumes (2). Voilà pourquoi l'esprit, au
début de la spéculation géométrique, établit trois provinces distinctes dans l'espace. L'espace nous est
donné primitivement avec trois dimensions. A cette
intuition correspond la notion du volume ; nous éliminons l'épaisseur, et à cet espace réduit à deux dimensions correspond la notion de surface ; de la surface nous éliminons la largeur, et à cet espace réduit
à une dimension correspond la notion de la ligne. Ces
deux provinces ultérieures, surface et ligne, sont susceptibles d'une infinité de déterminations particulières, aussi bien que la province primitive, espace à
trois dimensions. Quand les géomètres placent en tête
de leurs définitions celles du volume, de la surface et
de la ligne, ils ne font rien autre chose que démem-
brer l'espace, travail préliminaire indispensable à la
constitution complète de la science.

Le démembrement de l'espace est idéal et abstrait.
Il n'existe dans la réalité que des solides ; la surface,
la ligne et le point sont des limites vers lesquelles
tendent les solides, les surfaces, les lignes, dont l'épais-

(1) *Cours de phil. posit.*, 10ᵉ leç.
(2) « Tous les problèmes de géométrie se peuvent facilement réduire
à tels termes qu'il n'est besoin, par après, que de connaître la longueur de quelques lignes droites pour les construire. » C'est par ces
mots que débute la *Géométrie* de Descartes.

4

seur, la largeur, la longueur décroissent sans cesse.
Hobbes gourmande fort Euclide d'avoir défini le point
« ce dont il n'est pas de parties; » la ligne, « une
longueur sans largeur; » la surface, « ce qui a seulement longueur et largeur (1).» Un point, dit-il, est toujours divisible : ainsi un cercle peut être divisé en un
nombre quelconque de secteurs qui tous sont terminés par un point ; le centre du cercle, sommet commun de tous ces secteurs, sera donc divisé en autant
de parties qu'il y aura de secteurs. Soit maintenant
un de ces secteurs circulaires ; je le partage en deux
autres secteurs; je prends l'un, je vous laisse l'autre ;
la ligne qui les séparait avait donc une largeur, puisqu'après la séparation des deux secteurs elle est partagée entre eux. De même, toute surface a une épaisseur : je partage une sphère en deux hémisphères
que je détache l'un de l'autre ; il faut bien que la
surface de section ait une épaisseur, puisqu'elle est
divisée entre les deux moitiés de sphère maintenant
séparées.

Les critiques de Hobbes porteraient, si la géométrie
avait pour objet les corps matériels, et non pas les déterminations idéales de l'espace. D'ailleurs, les définitions que le physicien anglais prétend substituer à celles
d'Euclide n'en diffèrent pas au fond.« Un point est divisible, dit-il, mais on n'en considère aucune partie. » —
« La ligne est le tracé que laisse après lui un corps en
mouvement, et dont on ne considère pas la largeur.» Il

---

(1) *Op. cit.*, 6,

aurait pu ajouter : la surface a une épaisseur, mais on n'en tient pas compte. Mais si l'on néglige la longueur dans le point, la largeur dans la ligne, l'épaisseur dans la surface, ne peut-on pas définir géométriquement le point, ce qui n'a pas de parties ; la ligne, une longueur sans largeur ; la surface, une longueur et une largeur sans épaisseur ?

La matière de la géométrie ainsi préparée par l'abstraction, comment sont engendrées les déterminations particulières de l'espace ? Nous avons déjà remarqué que la géométrie, depuis qu'elle a reçu une constitution philosophique, porte sur toutes les formes possibles, et non-seulement sur celles que révèle l'observation de la nature ; aussi ne peut-on, sans en restreindre arbitrairement le domaine, assigner aux notions qu'elle étudie une origine empirique ; il faut que l'esprit crée les déterminations de l'espace ; nous savons quelle matière il met en œuvre et de quel instrument il se sert ; assistons à la genèse.

Soit deux points : si le premier se meut vers le second, et vers celui-là seulement, il décrit une ligne droite (1). « S'il se meut pendant une fraction appré-
» ciable de son mouvement vers le second point, et
» pendant une fraction également appréciable vers un
» troisième, un quatrième, etc., la ligne qu'il décrit

---

(1) On a donné de nombreuses définitions de la ligne droite. Platon la définissait : la ligne dont les points intermédiaires portent ombre sur les points extrêmes ; Euclide : la ligne qui est située semblablement par rapport à tous ses points ; Archimède : la plus courte de toutes les lignes qui ont mêmes extrémités ; Proclus : la plus courte distance entre deux points. Ces propositions sont de vrais théorèmes, et non

» est brisée ou composée de droites distinctes. Si
» à chaque instant de son mouvement il se meut
» vers un point différent, la ligne qu'il décrit est
» courbe (1). » Et comme la loi à laquelle est assu-
jetti le mouvement du point générateur peut varier à
l'infini, le nombre des courbes possibles est infini.
Citons quelques exemples : qu'un point se meuve sur
le plan de manière à rester toujours à la même distance d'un point fixe, la courbe qu'il engendre est une
circonférence ; que la somme de ses distances à deux
points fixes soit constante, la courbe est une ellipse ;
que cette quantité constante soit la différence des distances du point en mouvement à deux points fixes, la
courbe engendrée est une hyperbole ; que le point
s'écarte toujours également d'un point et d'une droite
fixes, la courbe qu'il décrit est une parabole ; qu'il
tourne sur un cercle roulant lui-même sur une droite,
la courbe engendrée est une cycloïde ; enfin, pour
borner là les exemples, qu'il s'avance sur une droite
tournant autour d'une de ses extrémités comme pivot, il engendre une spirale ; en un mot, que l'on fasse
varier à l'infini les conditions sous lesquelles s'accomplit le mouvement générateur, et l'on obtiendra une
variété infinie de courbes. Voilà pour la géométrie des
lignes.

---

des définitions, car elles ne font qu'énoncer une des propriétés particulières de la figure à définir. La définition de la ligne droite par le
mouvement est fort ancienne. Je trouve dans Christophorus Clavius
que de nombreux auteurs ont, dès l'antiquité, défini la ligne droite
celle « quæ describitur a puncto moto nec vacillante. »

(1) H. Taine, *De l'Intelligence*, liv. **IV**, ch. **I**.

Voici maintenant pour les surfaces. Une ligne se
mouvant suivant une ou plusieurs lois déterminées engendre une surface. La variété des lois auxquelles on
peut assujettir le mouvement d'une ligne étant infinie,
la variété des surfaces que l'on peut engendrer par ce
moyen est elle-même infinie. De plus, non-seulement
on peut faire varier le mouvement de la ligne, mais
on peut encore faire varier suivant une loi déterminée
la nature de la ligne pendant qu'elle se meut, ce qui
n'a pas d'analogue dans la génération des courbes. —
La géométrie analytique divise les surfaces en plusieurs groupes, d'après leur mode de génération ; ce
n'est pas, à proprement parler, une classification rigoureuse des surfaces, car une même surface peut faire
partie à la fois de deux groupes différents. Les deux
groupes principaux sont les surfaces de révolution et
les surfaces réglées. Les surfaces de révolution sont
engendrées par une ligne quelconque tournant autour
d'une ligne droite ; on peut encore les considérer
comme engendrées par un cercle dont le centre se
meut sur une droite perpendiculaire à son plan, et dont
le rayon varie de telle façon que sa circonférence s'appuie toujours sur une ligne fixe de position. Ainsi la
surface sphérique peut être engendrée par la simple
rotation d'une demi-circonférence autour de son
diamètre ; elle peut encore être engendrée par une
circonférence dont le centre se meut sur une droite
perpendiculaire à son plan et dont le rayon varie de
façon qu'elle coupe toujours une circonférence dont
cette perpendiculaire est le diamètre. De même, une

droite assujettie à passer par un point fixe et à toucher constamment une circonférence fixe dont le plan est perpendiculaire à la droite qui joint le point S à son centre engendrera une surface conique de révolution. Cette surface conique pourra être encore engendrée par le mouvement d'une circonférence dont le centre se meut sur une droite perpendiculaire à son plan, et dont le rayon varie de telle sorte qu'elle coupe toujours une droite oblique, fixe de position. — Les surfaces réglées sont des surfaces engendrées par le mouvement d'une ligne droite. Les surfaces coniques, en général, résultent du mouvement d'une droite assujettie à passer par un point fixe et à toucher constamment une ligne donnée. La surface conique de révolution, décrite il n'y a qu'un instant, est donc en même temps une surface réglée. Le plan est aussi une surface réglée, car il peut être considéré comme engendré par une ligne droite assujettie à passer par un point fixe et à toucher une ligne droite fixe. — Une droite assujettie à rouler tangentiellement à une hélice engendre une surface hélicoïdale ; — une droite assujettie à tourner autour d'une autre droite fixe, et non située dans un même plan, en restant à une distance constante de cet axe, engendre une hyperboloïde de révolution, qui est en même temps une surface réglée.

Le mouvement des surfaces rectilignes et des surfaces courbes produit ensuite tous les solides. Le cylindre est engendré par la révolution du rectangle autour d'un de ses côtés ; le cône, par la révolution du triangle rectangle autour d'un des côtés de l'angle droit; la sphère, par la révolution d'un demi-cercle autour du diamètre. Ainsi, qu'il s'agisse de lignes, de surfaces ou de volumes, étant donné un point, une ligne, une surface en mouvement, la loi variable de ce mouvement étant posée par l'esprit, on peut engendrer toutes les déterminations de l'espace.

Les représentations ainsi déterminées présentent, il est aisé de le constater, les vrais caractères des notions géométriques. Toute figure est à la fois unité, pluralité et continuité; une ligne droite, par exemple, est quelque chose d'un et d'individuel; elle est divisible en parties extérieures les unes aux autres; enfin ces parties sont unies entre elles de manière à former un tout continu. Nous trouvons une unité dans la conscience; mais, bornés à cette seule intuition, nous ne saurions imaginer ni concevoir la pluralité de parties inhérente à toute figure. L'intuition de l'espace nous fournit une pluralité virtuelle, encore indéterminée, que nous opposons à l'unité de la conscience. Mais ces deux termes hétérogènes demeurent étrangers l'un à l'autre tant qu'un intermédiaire participant à la fois des deux ne nous a pas permis de les unir. Le mouvement, un par sa racine, multiple par ses points d'application, est cet intermédiaire; la figure qu'il trace dans l'espace est à la fois une, multiple et continue : une, car elle résulte d'un seul mouvement; multiple, car ce mouvement s'est appliqué à divers points de l'espace; continue enfin, car le mouvement un n'a pas laissé de lacune entre ses divers points d'application; par conséquent, toutes les notions géométriques sont en puissance dans l'espace et en virtualité dans la pensée. L'espace est une matière indéterminée par elle-même, mais susceptible de recevoir toutes les déterminations ; la pensée est essentiellement l'unité formelle qui se réalisera de mille façons diverses dans la pluralité de l'espace, selon des lois posées par l'esprit lui-même.

Tout ce qui précède est vrai de la géométrie élémentaire, où l'on se représente directement les formes géométriques. C'est maintenant une question de savoir si, dans cette géométrie générale, créée par Descartes, et dans laquelle des formules abstraites remplacent les formes concrètes, la spéculation porte encore sur des représentations individuelles dont le mouvement a tracé les limites.

On se fera une idée incomplète de la géométrie analytique, si l'on se contente de la définir : l'étude des figures par les procédés du calcul et de l'analyse algébrique. Cette définition nous apprend que la *spécieuse* de Descartes, comme on l'appelait au xviie siècle, consiste à substituer aux grandeurs concrètes des symboles abstraits, et à traiter les signes, abstraction faite des choses signifiées, « jusqu'à ce qu'enfin, dans la conclusion, la signification de la conséquence symbolique soit déchiffrée (1). » Mais elle nous laisse ignorer pourquoi les relations des signes entre eux correspondent point pour point aux relations mutuelles

---

(1) Kant, *Recherches sur la clarté des principes de la théologie naturelle et de la morale*; mélanges de logiq., trad. Tissot.

des choses signifiées, comment s'opère le passage du concret à l'abstrait, de la figure à la formule.

La géométrie étudie des grandeurs déterminées ; toute grandeur est composée de parties homogènes. Dès lors, je puis substituer à la considération de la grandeur elle-même la considération du nombre de ses éléments, et je passe ainsi de la géométrie à l'arithmétique : ainsi 4×4, 4×3 deviennent les symboles numériques d'un carré, d'un rectangle donnés. Mais chacun de ces symboles ne convient qu'à la figure donnée ; et comme les propositions géométriques doivent être vraies de toutes les figures possibles de même espèce, l'esprit, contraint à une réduction plus générale encore du concret à l'abstrait, remplace les symboles numériques par les symboles algébriques, 4×4, par $X \times X$, ou X^2, cette notation signifiant qu'il faut multiplier par lui-même le côté d'un carré quelconque pour en obtenir la surface. Voilà déjà l'algèbre appliquée à la géométrie ; les figures ont disparu, et j'opère sur des signes abstraits et conventionnels. Ce n'est pas tout ; les grandeurs géométriques, et c'est ce qui les distingue des autres espèces de grandeur, ont une forme déterminée : ainsi deux grandeurs numériquement égales peuvent n'être pas identiques ; un triangle dont la base a quatre mètres, et la hauteur deux mètres, est équivalent en surface à un carré de deux mètres de côté ; le même nombre exprimera donc les surfaces de l'un et de l'autre ; mais chacune de ces deux figures n'en conserve pas moins une forme propre et irréductible ; l'identité que, dans le cas donné, on établit entre les aires est purement numérique ; au point de vue géométrique, un triangle ne se confond pas avec le carré à la surface duquel sa surface est équivalente. De même encore, le jour où, par impossible, on trouverait la quadrature du cercle, celui-ci ne deviendrait pas pour cela identique au carré équivalent. Ainsi, en géométrie, la considération du nombre des éléments est secondaire ; celle de la forme est essentielle ; le nombre des éléments peut varier à l'infini dans une figure déterminée ; la forme, au contraire, est immuable. Jusqu'à présent, nous n'avons fait exprimer aux symboles abstraits que le nombre des unités conventionnelles contenues dans les grandeurs ; pour que l'analyse algébrique soit complétement substituée à la considération des figures représentées directement dans l'espace, il faut que les mêmes signes deviennent les symboles de formes déterminées. Comment la chose est-elle possible ?

Nous avons vu plus haut que les volumes étaient engendrés par le mouvement des surfaces, les surfaces par le mouvement des lignes, et les lignes, par le mouvement du point (1). La forme d'une figure résulte donc, en dernière analyse, du trajet suivi par un point en mouvement ; aussi, déterminer les positions que celui-ci occupe successivement est-ce déterminer la forme de la figure. La géométrie analytique repose tout en-

(1) « Je ne sçache rien de meilleur que de dire que tous les points des courbes qu'on peut nommer géométriques... ont nécessairement quelque rapport à tous les points d'une ligne droite, qui peut être exprimé par quelque équation. » (Descartes, *Géométrie*, liv. II.)

tière sur cette conception, et elle a pour objet de découvrir les positions successives d'un point dans le plan
et dans l'espace.

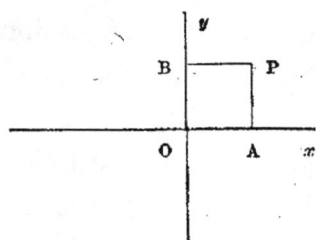

Supposons deux droites rec-
tangulaires Ox et Oy, se coupant en un point O. La position d'un point P du plan sera
complétement déterminée si
l'on connaît ses distances PA
et PB aux deux droites Ox et
Oy, ou, ce qui revient au même, si l'on connaît les
longueurs de OA et OB, respectivement égales à BP
et à AP. Ces longueurs ont été appelées par Descartes
les coordonnées du point P.

Cet exemple fort simple fait voir que le moyen em-
ployé en géométrie analytique pour déterminer, dans
le plan, la position d'un point, consiste à la rapporter
à certaines grandeurs connues. Maintenant, il est évident que si le point P se déplace dans le plan, à ces
variations successives de position correspondent des
variations dans les coordonnées de ce point; et que,
inversement, aux variations des coordonnées correspondent des variations dans la position du point. Par
conséquent, les diverses positions de ce point sont ramenées à des variations de grandeurs; et comme ces
grandeurs peuvent être exprimées algébriquement, il
est vrai de dire que l'équation établie entre les coordonnées d'un point exprime la loi du mouvement
décrit par ce point, et est un symbole abstrait de la
figure engendrée par ce mouvement.

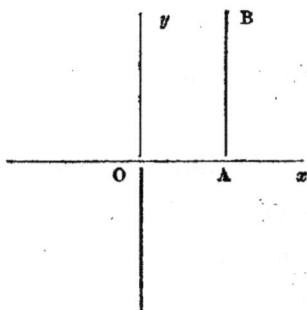

Soit, par exemple, l'équation Ax + By = C. Je suppose B = 0; A plus grand ou plus petit que 0 ; C plus grand ou plus petit que 0. L'équation peut se mettre sous la forme $x = a$.

Je prends sur Ox une longueur OA = a : il est clair que le point A satisfait à l'équation. Pour que dans une deuxième, dans une troisième, dans une n^e position, le même point satisfasse toujours à la même équation, il faut que sa distance à la ligne y soit toujours égale à a ; c'est dire qu'en se mouvant, le point A engendrera une droite AB, parallèle à Oy ; cette droite est la seule dont les points sont tels, que leurs coordonnées satisfassent à l'équation $x = a$. Par conséquent, cette équation représente la droite AB et ne représente qu'elle.

Qu'on nous donne, avons-nous dit, un point qui se meut et les conditions sous lesquelles s'accomplit ce mouvement, et nous construirons toutes les lignes. La géométrie analytique ne demande pas autre chose ; qu'on lui donne la relation entre les coordonnées d'un point, et elle découvrira toutes les positions successivement occupées par ce point, c'est-à-dire la ligne qu'il décrit en se mouvant. Mais qu'est la relation de ces coordonnées, sinon la loi même du mouvement générateur de la figure ? Toute définition de géométrie élémentaire peut donc être remplacée par une équation algébrique ; et, réciproquement, toute équation analytique est la définition d'une certaine figure. Ainsi l'équation du premier degré $Ax + By = C$ est la définition de la ligne droite ; l'équation du deuxième degré $Ax^2 + Bxy + Cy^2 + Dx + Ey + F = 0$ est, selon les cas, la définition d'une courbe des genres ellipse, parabole ou hyperbole. Ce parallélisme entre la constrution d'une figure dans l'espace, et l'équation de cette figure, est constant ; aussi, pour découvrir de nouvelles lignes et de nouvelles surfaces, suffit-il de faire varier les relations des coordonnées (1).

On voit par là que, si l'espace indéfini, homogène et passif est la matière indispensable de la géométrie, et le mouvement, un et multiple à la fois, l'intermédiaire nécessaire entre l'esprit et l'espace, c'est à l'esprit qu'appartient le rôle actif et fécond. Son activité demeure à l'état latent tant que certaines conditions ne sont pas données ; mais, celles-ci une fois réalisées, elle s'exerce avec une indépendance absolue. J'en trouve la preuve dans l'impuissance de l'espace à se déterminer lui-même ; je la trouve encore dans la variété inépuisable des formes qu'il peut recevoir, je la trouve enfin dans les variations indéfinies de grandeur dont chacune de ces formes est susceptible. Isaac Barrow,

(1) « ... La géométrie étant une science qui enseigne généralement à connaître les mesures de tous les corps, on n'en doit pas plutôt exclure les lignes les plus composées que les plus simples, pourvu qu'on les puisse imaginer être décrites par un mouvement continu ou par plusieurs qui s'entresuivent, et dont les derniers soient entièrement réglés par ceux qui les précèdent : car, par ce moyen, on peut toujours avoir une connaissance exacte de leur mesure. » (Descartes, *Géométrie*, liv. I.)

le maître de Newton, définissait l'espace *ponibilitas*, la possibilité de poser ; mais, par lui-même, l'espace ne pose rien ; l'expérience nous y donne, il est vrai, certaines formes déterminées, en nombre fini ; mais nous avons vu qu'elles ne sauraient être l'objet entier d'une science qui porte sur toutes les formes imaginables. Les formes, c'est l'esprit lui-même qui les crée et les pose, et il peut en créer un nombre plus grand que toute quantité finie. Où s'arrêter dans cette génération des courbes, des polygones, des polyèdres? L'espace peut toujours recevoir ; et si l'esprit devait cesser de fournir, c'est qu'il trouverait en lui-même un obstacle à une production sans limites. Mais dès l'instant où il a créé deux figures différentes, il a manifesté une puissance illimitée de production. S'il a pu passer du quadrilatère à l'octogone, pourquoi ne passerait-il pas à toute autre figure? Il ne trouve aucun obstacle dans la matière sur laquelle il opère, et s'il devait en rencontrer en lui-même, il s'y serait heurté dès sa première démarche. La construction de la plus simple figure, de la ligne droite par exemple, est donc l'indice infaillible d'une fécondité inépuisable.

Cette puissance sans limites de l'esprit éclate encore dans les variations que peut subir la quantité représentée dans l'espace. Toute figure géométrique a une forme immuable ; un triangle rectiligne, quelle qu'en soit la superficie, est toujours une portion du plan terminée par trois droites qui se coupent deux à deux ; mais la quantité comprise entre ces limites est susceptible de varier au delà et en deçà de tout nombre fini. Ainsi, étant donnée une ligne droite, je puis la prolonger à l'infini; étant donné un triangle, je puis en faire croître ou décroître les côtés au delà de tout nombre assignable. La figure est donc, par elle-même, indifférente à l'accroissement et à la diminution. Il y a à cette variabilité indéfinie une cause matérielle et passive, et une cause formelle et active; la première est l'indifférence absolue de l'espace ; la seconde, l'activité illimitée de l'esprit. Soit une droite de grandeur finie ; je la double : c'est là un acte de l'esprit ; mais pour qu'il s'accomplisse, il faut que l'espace où la ligne est représentée n'oppose aucune résistance à l'opération. Soit un triangle ; j'en diminue de moitié les côtés : c'est encore là un acte de l'esprit ; mais, pour qu'il s'opère, il faut encore que l'espace où le triangle est représenté ne se refuse pas à cette diminution. Ainsi, pouvoir de l'esprit d'accroître et de diminuer toute grandeur donnée, indifférence de l'espace à subir ces accroissements et ces diminutions, voilà la source véritable de l'infini géométrique.

Comme l'a fait remarquer un profond mathématicien philosophe, « à proprement parler, l'infini est » moins une idée que le caractère ou la propriété » d'une idée, caractère qui se modifie en passant » d'une idée à l'autre (1). » L'infini numérique diffère de l'infini géométrique. Si un nombre m'est donné, quelque grand qu'on le suppose, je puis l'ac-

---

(1) Cournot, *Traité de l'enchaînement des idées fondamentales dans les sciences et dans l'histoire*, liv. I, ch. III.

croître en y ajoutant l'unité, et rien ne s'oppose à cette addition, puisque le nombre ainsi accru était le résultat d'une série d'additions semblables; de même, je puis toujours diviser l'unité sans l'épuiser jamais. Mais l'infini géométrique est, en quelque sorte, cet infini numérique sorti de l'esprit, et étalé dans l'espace; dès lors il ne suffit plus qu'aucune résistance logique n'arrête l'accroissement ou la diminution sans limites de la quantité représentée, il faut encore que ces deux opérations inverses ne rencontrent pas d'obstacle dans l'espace lui-même. L'infini géométrique suppose donc à la fois l'infinité de la cause active et l'infinité de la cause passive.

On demandera peut-être comment se fait le passage de l'infini numérique à l'infini géométrique. A cette question, nous répondrons : par le mouvement. Pour concevoir l'infini, a dit Leibnitz, « il faut con- » cevoir que la même raison subsiste toujours pour » aller plus loin. C'est cette considération des raisons » qui achève la notion de l'infini ou de l'indéfini dans » les progrès possibles (1). » Au fond de la notion logique d'infini est donc impliquée l'idée de conti- nuité. C'est sur cette dernière idée que repose la mé- thode infinitésimale. Wallis, dans son *Arithmétique des indivisibles;* Cavalieri, dans sa *Géométrie des in- divisibles,* Fermat, Barrow, Grégoire de Saint-Vin- cent, Pascal, ces savants prédécesseurs de Leibnitz, s'appuyaient tous sur ce principe, formulé par celui qui

---

(1) *Nouv. Essais,* liv. II, ch. XIV.

partage avec Newton la gloire d'avoir donné l'algo-
rithme de la méthode nouvelle, « que les raisons ou rapports du fini réussissent à l'infini. » Tant que l'esprit
ne sort pas de lui-même, l'impossibilité de concevoir
une chose sans raison, et, par suite, la possibilité de renouveler toujours une opération déjà faite, addition ou
soustraction, expliquent la loi de continuité ; mais hors
de nous, dans l'espace, cette loi de continuité est objec-
tivée par le mouvement. Voici une droite décrite par
un point qui se meut de A à B. Entre ces limites, il
existe un nombre de positions intermédiaires susceptible de croître au delà de toute quantité assignable.
Quand la droite AB est décrite, le point mobile a
passé successivement par toutes ces positions ; le passage a été continu, puisque le mouvement n'a pas été
interrompu, et que la ligne qui en résulte n'est pas
une quantité discrète. Privés du mouvement, et réduits au point immobile, nous poserions le premier
terme d'une série numérique indéfinie ; mais il nous
serait impossible de passer objectivement du premier
au second : l'infini *deviendrait* dans notre esprit, mais
non hors de nous. Mais si le point se meut entre les
deux limites fixées, il traverse nécessairement la série
indéfinie des positions intermédiaires, et il résulte
de là que l'infini abstrait et logique est réalisé objectivement dans l'espace. En ce sens, on peut dire que
la représentation de toute figure géométrique finie est
une intuition de l'infini. D'une manière plus générale,
si la méthode infinitésimale consiste, comme l'a voulu
son auteur, à conclure des rapports de deux quantités

variables dont l'une est fonction de l'autre, les rapports de ces mêmes quantités réduites à une valeur plus petite que toute quantité assignable, cette méthode implique, à l'origine de la spéculation, l'intuition du mouvement, par lequel s'accroissent ou diminuent les grandeurs continues dont les variations sont unies l'une à l'autre.

Ainsi, au fond de toutes les conceptions géométriques, les plus simples et les plus complexes, les plus humbles et les plus sublimes, nous retrouvons toujours l'espace multiple et passif, l'esprit un et actif, et le mouvement, un et multiple à la fois, intermédiaire indispensable entre l'esprit et l'espace, sans lequel la multitude infinie des formes géométriques demeurerait concentrée dans l'unité de la pensée, sans se développer jamais. On a eu raison de dire que l'objet de la géométrie « se ramène à des déterminations de la pensée et de l'activité (1); » nous savons maintenant quel sens il faut attacher à cette parole. Il est incontestable que l'esprit possède un pouvoir illimité, indépendant de l'espace ; mais sans une matière où seront réalisés les possibles qui sortent successivement de la source toujours féconde, ce pouvoir est virtuel. Alors même que la pure action de penser suffirait à créer les mathématiques abstraites, cette fécondation tout intérieure de la pensée par elle-même ne saurait donner naissance à la géométrie; un nombre n'est pas une ligne : il faut l'espace au géomètre. Mais

_____

(1) A. Fouillée, *loc. cit.*

l'esprit, immobile devant l'espace, serait comme un statuaire devant un membre informe ; il lui faut agir. Il prépare d'abord cette matière, en faisant abstraction de toutes les qualités sensibles des corps, et en établissant dans l'espace les trois régions distinctes des volumes, des surfaces et des lignes ; puis, dans chacune de ces régions, il trace un nombre indéfini de figures, et le monde géométrique existe.

L'origine que nous venons d'assigner aux notions géométriques suppose que toujours nous avons une représentation intuitive des figures tracées par le mouvement dans l'espace. Il en est ainsi en effet : essayez de concevoir une ligne droite, un triangle, un cercle, sans l'imaginer ; la figure vous apparaîtra malgré vous. Dans toute opération de géométrie élémentaire, nous traçons sur le tableau ou sur le papier les formes sur lesquelles nous opérons ; si vous pouvez vous passer de tableau noir, c'est que votre imagination y supplée ; car, mentalement, vous décrivez sur un plan ou dans un espace imaginaire les figures de géométrie dont vous recherchez les propriétés. « Les enfants que l'on » habitue à calculer de tête écrivent mentalement à la » craie, sur un tableau imaginaire, les chiffres indi- » qués, puis toutes leurs opérations partielles, puis la » somme finale, en sorte qu'au fur et à mesure ils » revoient intérieurement les diverses lignes de figures » blanches qu'ils viennent de tracer. Les enfants pro- » diges qui sont des mathématiciens précoces rendent » sur eux-mêmes le même témoignage (1). » Ainsi

---

(1) H. Taine, *De l'Intelligence*, liv. II, ch. I.

font les géomètres : même quand ils se passent de
formes dessinées à la craie, au crayon ou à la plume,
ils voient des figures tracées dans l'espace vide par
un mouvement presque insensible de l'œil; s'ils
ferment les yeux, la construction mentale sera la
même, et sur le fond obscur se détacheront certains
contours lumineux. Ce besoin d'imagination est tellement impérieux, que si je viens à vous définir une figure nouvelle, aussitôt, pour en avoir une notion
distincte, vous la tracez sur le papier, ou tout au moins
vous la décrivez sur le tableau imaginaire par un mouvement de l'œil que l'habitude rend bientôt imper-
ceptible. Qu'on ne nous oppose pas l'exemple de
Saunderson : ce géomètre aveugle imaginait les figures
par le toucher. Les idées géométriques ne sauraient
être des idées pures : toute figure est une portion déterminée de l'étendue, et l'espace, qu'on en fasse, avec
Clarke et Newton, une chose réelle, avec Leibnitz,
l'ordre des coexistences possibles, avec Kant, la forme
a priori de la sensibilité, est toujours composé d'éléments juxtaposés, extérieurs les uns aux autres, que,
dans le calcul, nous pouvons remplacer par des signes
abstraits, mais que nous sommes forcés d'imaginer
quand on les suppose, comme fait le géomètre, contenus dans des limites de forme inflexible. Chacune
de ces formes peut donner lieu, et donne lieu en effet,
à des relations algébriques et abstraites; mais elle
n'en est pas moins essentiellement une image concrète.

Qu'on ne nous accuse pas, quand nous affirmons

cette nécessité des images en géométrie, de restaurer, après l'avoir proscrite, cette théorie qui veut que les notions mathématiques aient une origine exclusivement empirique. La géométrie, au moins la géométrie élémentaire, tient dans un éveil perpétuel la faculté d'intuition ; mais les images que nous y considérons sont loin de ressembler aux images empiriques. Je vois cette feuille de papier couverte de caractères ; je ferme les yeux, et, bien que ma paupière abaissée intercepte les rayons lumineux, je revois la même feuille : c'est là une image empirique ; elle ressemble, à la netteté près, à la représentation même de l'objet ; je revois les dimensions, la couleur, les petites irrégularités de cette feuille, les lignes noires qu'y forment les caractères tracés : c'est l'image individuelle d'un objet individuel. Au contraire, quand j'imagine un triangle rectangle ou un cercle, l'image en est individuelle, puisque tel est le caractère de toute image ; mais, en même temps, elle est générale : c'est un *schème*. En la traçant, je n'ai pas voulu reproduire trait pour trait un modèle individuel donné, mais j'ai réalisé une certaine loi de génération énoncée par la définition. Quand on me dit : la circonférence est la courbe engendrée par un point qui se meut dans le plan en restant toujours à la même distance d'un point fixe, immédiatement je vois ce point mobile et ce point fixe ; je suis le premier dans son mouvement, et je vois la courbe qu'il trace ; j'ai pris arbitrairement tel ou tel rayon, car les dimensions de la figure ne font rien à l'affaire, et l'essentiel était d'assister à la génération de la

courbe, de m'assurer que de la règle de construction
posée résulte la figure définie. Cette indifférence à
donner aux images géométriques telle ou telle dimension est un acte de foi à l'existence de ce pouvoir spi-
rituel qui, nous l'avons vu, fait varier à l'infini les
grandeurs représentées, sans que les propriétés et les
relations des formes s'évanouissent et soient modifiées.
Voilà aussi pourquoi l'image schématique est générale. L'essence d'une figure est sa loi propre de construction, quelle que soit d'ailleurs la quantité d'espace
contenue entre ses limites ; par suite, la représentation de cette génération particulière se fait sans que
l'on tienne compte de la quantité des grandeurs représentées. Il faut qu'une certaine quantité soit comprise
dans la figure, puisque tout schème est une image, et
que ce qui n'a pas de quantité ne saurait être imaginé ; mais l'objet propre du schème est la loi de construction, qui peut être réalisée indifféremment dans
tous les points de l'espace.

On nous opposera, sans aucun doute, la différence
établie par Descartes entre imaginer et concevoir.
L'imagination a des limites au delà desquelles elle
devient confuse et embrouillée ; la conception est, au
contraire, toujours nette et distincte. Quand je pro-
nonce le mot triangle rectiligne, je me représente avec
précision une portion du plan terminée par trois
droites. Quand j'entends le mot chiliogone, je vois encore une figure, mais cette fois sans contours définis ;
je ne distingue plus chaque côté, chaque angle de
l'image, et pourtant je ne laisse pas de concevoir le

chiliogone avec autant de clarté que j'imagine le
triangle, et la preuve, c'est que je raisonne sur l'un
et sur l'autre avec la même rigueur. Descartes a raison ; je puis imaginer le triangle et toutes les figures
simples, et je ne puis imaginer avec distinction le chiliogone et toutes les figures complexes. Mais ce n'est
pas à dire qu'au début de la spéculation géométrique,
l'esprit puisse se passer de la représentation des
formes dans l'espace ; il existe seulement un passage
du simple au composé , dont il importe de se rendre
compte. Prenez un ignorant, et dites-lui : le chiliogone
est une portion du plan terminée par mille lignes
droites ; il ne vous comprendra pas, car la notion que
vous essayez de lui donner ne peut être imaginée nettement. Mais dites-lui : le triangle est une portion du
plan terminée par trois droites ; il vous comprendra ,
car il verra le triangle. Dites lui : l'hexagone est une
portion du plan terminée par six droites qui se
coupent ; il vous comprendra encore, car l'imagination
continue à venir au secours de l'intelligence. Dites-lui :
le dodécagone est une portion du plan terminée par
douze droites qui se coupent ; il vous comprendra toujours, et toujours pour la même raison. Passez alors
à la définition d'une figure beaucoup plus complexe ,
et cette fois vous serez compris ; pourtant la figure définie ne sera plus distinctement imaginée ; mais, en
passant du triangle à l'hexagone, de l'hexagone au dodécagone, de ce dernier au polygone de vingt-quatre
côtés , l'esprit a dégagé de ces images diverses la loi
de construction des polygones réguliers , et cela lui

suffit pour entendre ce qu'est le chiliogone ou tout autre polygone complexe. L'imagination a donc préparé les voies à l'intelligence.

D'ailleurs, est-il rigoureusement vrai que je conçoive le chiliogone sans aucun mélange d'intuition? Tout polygone régulier, quelque nombreux qu'en soient les côtés, peut être décomposé en autant de triangles égaux qu'il a de côtés ; étant donnée la loi de construction des polygones réguliers, il suffit, pour en découvrir les propriétés, de considérer un ou deux des triangles dans lesquels ils se décomposent. Mais il suffit aussi à l'imagination de voir deux ou trois de ces éléments constitutifs pour savoir ce que sont les autres. Dès lors, impuissant à me représenter les mille côtés et les mille angles de la figure en question, j'en imagine quelques-uns, et j'ai vu tous les autres.

On nous objectera encore que, dans la géométrie analytique, on opère sur des formules et non pas sur des formes. Mais n'avons-nous pas montré plus haut comment les premières se substituent aux secondes, et ne savons-nous pas maintenant qu'une formule est l'expression de la loi génératrice d'une figure? Par conséquent, sous toute formule analytique est cachée une figure géométrique, et pour la dégager on n'a qu'à faire la construction indiquée par l'équation. L'esprit n'a pas toujours recours aux constructions graphiques, car, grâce à l'habitude des abstractions, les images sont devenues moins nécessaires. Mais souvent, quelque familières que soient les opérations purement al-

gébriques, il faut, pour déchiffrer le sens d'une formule, la traduire en langage géométrique, c'est-à-
dire construire la figure. D'ailleurs les signes algébriques ne sont-ils pas des images? Une équation est
une construction où les matériaux ordinaires, lignes
et surfaces, sont remplacés par les a, b, c, les x,
les y, et ce schème algébrique, substitué au schème
géométrique, permet de découvrir, par les seules ressources du calcul, une multitude de relations et de
propriétés qu'on ne saurait dégager des constructions
de la géométrie élémentaire sans un effort beaucoup
plus considérable d'invention.

CHAPITRE III.

CARACTÈRES DES DÉFINITIONS GÉOMÉTRIQUES,

Les définitions géométriques se font par génération. — Contenu et forme des notions définies. — La définition doit énoncer la forme. — Elle est *a priori*. — Distinction des définitions caractéristiques et des définitions explicatives. — La définition géométrique ne se fait pas par le genre et la différence spécifique.— Elle n'est pas une définition de mots.

Nous savons comment sont formées les notions géométriques. Comment faut-il les définir? Toute notion géométrique renferme deux éléments : un contenu, l'espace, un contenant, la forme qui limite cet espace. Le contenu, par lui-même, ne constitue pas l'essence de la notion; il y est indispensable, puisque toute notion géométrique est une détermination de l'espace ; mais il n'en est pas l'essence, puisqu'il est susceptible de variations indéfinies qui n'altèrent pas la nature de la notion : un cercle est toujours un cercle, que le rayon croisse ou diminue à l'infini. La définition qui doit énoncer l'essence de la notion à définir ne portera donc pas sur le contenu de la notion géométrique ; par exemple, je ne définis pas le triangle en disant que c'est une surface de trois mètres carrés, car le triangle ne cesse pas d'être un triangle lorsque sa surface augmente ou diminue. Ce qui appartient en propre à une notion géométrique donnée, c'est la limite invariable de son contenu variable, c'est-à-dire sa forme. Un triangle peut avoir une surface équivalente à celle d'un carré ou d'un hexagone ; pourtant ces trois figures n'en sont pas moins invinciblement irréductibles : la première a trois côtés et trois angles, la seconde quatre, et la troisième six. La forme, voilà donc l'essence de la notion, et, par suite, l'objet de la définition géométrique.

Mais la forme résulte, nous le savons, d'une loi de construction propre à chaque figure ; la définition géométrique énoncera donc cette loi ; elle se fera *per generationem*.

Nous avons assisté à la genèse des représentations géométriques ; dans l'espace indéfini, homogène et passif, l'esprit fait mouvoir un point suivant des conditions indéfiniment variables, et chacun de ces mouvements engendre une figure particulière, de forme éternelle et immuable. La notion géométrique est donc la synthèse d'une portion de l'espace. On pourrait croire que, pour la définir, il suffit de l'analyser, d'en faire sortir ce que l'esprit y a compris. Mais une telle définition ne nous apprendrait rien sur la nature propre de la notion définie. L'espace peut être considéré comme un ensemble de parties identiques ; à parler rigoureusement, c'est un continu, sans divisions réelles ; mais, pour les besoins du calcul, nous le divisons d'après une unité arbitraire, et, pour créer la géométrie, nous enfermons un certain nombre de ces unités, longueurs, surfaces ou volumes, dans de certaines limites. L'analyse, qui détache les uns des autres les éléments d'un tout complexe, n'aboutirait qu'à nous faire savoir combien nous avons mis de ces unités dans la notion définie. Mais ce nombre est variable, puisque les dimensions d'une figure donnée sont toujours susceptibles d'accroissement ou de diminution. Les définitions, en géométrie, se réduiraient donc toutes à une formule de ce genre : telle figure est une portion variable de l'espace ; mais cela, ne le savions-nous pas avant la définition ? La définition géométrique ne ressemble donc pas à la définition arithmétique : un nombre est une association d'unités de même espèce ; ce qui le caractérise, c'est la quantité même de ces éléments ; aussi, pour le définir, énonçons-nous combien d'éléments il contient ; nous disons par exemple : deux est un *plus* un, trois est deux *plus* un, etc. En arithmétique, l'analyse accompagne à chaque pas la synthèse, et l'analyse est la définition même de la notion engendrée par la synthèse. Rien de pareil en géométrie. Dans toute construction, nous avons besoin d'un certain nombre d'unités semblables ; mais ce qu'il importe de connaître, c'est la forme déterminée dans laquelle nous enfermons cette somme d'unités étendues, extérieures les unes aux autres. La définition géométrique doit donc exprimer la génération de la figure à définir.

Les définitions que l'on trouve dans les traités de géométrie ne le font pas toutes ; ainsi, on a défini souvent la circonférence : la ligne qui, sous le même contour, renferme la plus grande aire ; la ligne droite, le plus court chemin d'un point à un autre ; l'angle, l'inclinaison d'une ligne sur une autre ; la tangente à un cercle, la droite qui n'a qu'un point de commun avec le cercle. Logiquement, ces définitions sont bonnes, car elles conviennent au seul défini, et elles suffisent à le distinguer d'avec toute autre notion ; de plus, le caractère qu'elles énoncent n'est pas transitoire, mais immuable ; mais ces caractères, bien qu'immuables, ne sont pas irréductibles et primitifs. Aristote disait que toute définition, pour être bonne, devait renfermer un sujet, un attribut et un moyen terme, cause de l'inclusion de l'attribut dans le sujet. Les définitions citées plus haut, pourrions-nous dire, se bornent à affirmer un attribut d'un sujet, sans montrer comment il se fait qu'il y est contenu. Aussi, logiquement bonnes, puisque l'attribut énoncé appartient exclusivement au sujet dont on l'affirme, sont-elles rationnellement mauvaises.

L'essence, dans les notions géométriques, ne ressemble pas à l'essence dans les notions empiriques. Les caractères d'un être vivant par exemple, plante ou animal, sont unis par un lien de subordination ; mais, les plus généraux étant posés, on ne peut en déduire les moins généraux : un animal est vertébré ; je ne saurais conclure de là s'il est mammifère, oiseau, reptile, batracien ou poisson. Au contraire, dans les notions géométriques, l'enchaînement des caractères essentiels est tel que, l'un d'eux étant posé, tous les autres en dérivent : ainsi, la circonférence étant la

courbe engendrée par un point mobile qui reste toujours à la même distance d'un point fixe, il suit de là
que tous les rayons du cercle sont égaux. L'égalité des
rayons est un caractère essentiel du cercle, mais dé-
rivé, et non primitif. Aussi la définition géométrique,
pour être rationnellement bonne, ne doit-elle pas
énoncer indifféremment tel ou tel caractère essentiel,
mais bien le caractère essentiel primitif et irréductible,
celui duquel tous les autres dérivent, c'est-à-dire la
loi génératrice de la figure à définir. Voilà pourquoi
nombre de géomètres, aussi soucieux de l'ordre rationnel que de l'ordre logique, ont substitué aux définitions *caractéristiques* citées plus haut les définitions
explicatives suivantes (1) : la circonférence est la
courbe engendrée par un point mobile qui demeure
toujours à la même distance d'un point fixe ; la ligne
droite est celle qu'engendre un point qui se meut vers
un autre point, et vers celui-là seulement ; l'angle rectiligne est la portion du plan que laissent entre elles
deux droites dont l'une, coïncidant d'abord avec
l'autre, se relève sur celle-ci, en y restant fixée par une
extrémité. « Pour fixer le caractère essentiel de la
» tangente, dit M. Cournot, il faut considérer une
» ligne droite qui, ayant avec la courbe un point *m*
» commun, et la coupant d'abord en un autre point
» *m'* très-rapproché de *m*, tourne autour du point *m*
» comme pivot, de manière que le deuxième point

---

(1) Ces deux expressions sont d'Aug. Comte, *Cours de phil. posit.*,
leç. XII.

» d'intersection m' se rapproche de plus en plus de m,
» puis, le mouvement de rotation continuant, passe de
» l'autre côté de m, en un point tel que m''. Dans ce
» mouvement continu de la droite sécante, il y a un
» moment où le point mobile d'intersection passe
» d'un côté de la sécante à l'autre, en se confondant
» avec le point fixe m. En ce moment, la droite mo-
» bile n'a plus, dans le voisinage immédiat du point
» m, que ce même point m qui lui soit commun avec
» la courbe ; la direction de cette droite est juste-
» ment alors ce qu'il faut entendre par la direction
» de la tangente à ce même point m, et voilà ce qui
» constitue le caractère essentiel de la tangente à une
» courbe (1). » Empruntons encore au même auteur
quelques définitions par génération : « Les surfaces
» cylindriques sont engendrées par une ligne droite
» qui se meut parallèlement à elle-même, en suivant
» une courbe quelconque nommée directrice. » —
« Les surfaces de révolution sont engendrées par une
» courbe tournant autour d'un axe, de manière que
» chaque surface de révolution soit individuellement
» déterminée par le tracé de la courbe que les géo-
» mètres appellent ligne méridienne. » — « Les
» surfaces coniques sont celles qu'une ligne droite en-
» gendre en se mouvant, de manière qu'elle pivote tou-
» jours sur le même point. » — « Les surfaces déve-
» loppables sont celles qu'une droite engendre dans son
» mouvement, et qui peuvent s'étaler sur un plan,

---

(1) Cournot, *Traité de l'enchaînement*, liv. I, ch. IV.

» sans déchirure ni duplicature (1). » Ces définitions *per generationem* sont les seules rationnelles, car seules elles donnent la raison ou la cause des propriétés définies.

On pourrait croire que les définitions géométriques, bien qu'elles se fassent *per generationem*, n'en sont pas moins faites *per genus et differentiam*. Je définis le cercle : une courbe engendrée par un point mobile qui demeure toujours à la même distance d'un point fixe ; l'ellipse, une courbe engendrée par un point qui se meut de telle sorte que la somme de ses distances à deux points fixes soit constante. Courbe serait alors le genre ; la génération propre de chaque figure serait la différence spécifique. La courbe, en général, est à son tour susceptible de définition : c'est la ligne engendrée par un point mobile qui, à chaque instant de sa course, tend vers un point nouveau ; le genre est devenu espèce par rapport à un genre plus étendu. Il existe donc, semble-t-il, une hiérarchie dans les formes géométriques, aussi bien que dans les formes organiques. Les naturalistes distribuent tout le règne animal entre quatre ou cinq grands embranchements ; puis ils divisent chaque embranchement en classes, chaque classe en ordres, chaque ordre en familles, chaque famille en genres, chaque genre en espèces. De même, le géomètre pourrait d'abord établir dans les formes géométriques les trois embranchements des lignes, des surfaces et des volumes ; subdiviser ensuite

---

(1) Cournot, *Traité de l'enchaînement*, etc., liv. I, ch. IV.

ces embranchements en classes ; les lignes, par exemple, en lignes droites, lignes brisées et lignes courbes ; ces classes, en ordres ; les surfaces, en surfaces polygonales, surfaces cylindriques et surfaces coniques ; ces ordres, en genres ; les polygones, en triangles, quadrilatères, hexagones, etc. ; et enfin ces genres, en espèces ; les triangles, en triangles équilatéraux, triangles isoscèles, triangles scalènes, triangles rectangles ; les quadrilatères, en carrés, rectangles, parallèlogrammes, trapèzes.

L'analogie signalée plus haut est réelle ; mais il ne faudrait pas l'exagérer au point d'identifier la hiérarchie des formes géométriques avec celle des formes organiques, car il existe entre elles une différence irréductible. Voici un bouledogue : ses caractères spécifiques sont une mâchoire inférieure proéminente, un museau aplati, de petites oreilles dressées, un poil ras, une queue courte, une configuration générale robuste et trapue ; c'est là ce qui le distingue des autres espèces canines ; mais, outre ces différences spécifiques, on trouve en lui certains autres caractères communs à tous les chiens : trois fausses molaires à la mâchoire supérieure, quatre à la mâchoire inférieure, la carnassière supérieure plus tuberculeuse que l'inférieure, cinq doigts aux pieds de devant, quatre à ceux de derrière, une langue douce. Outre ces caractères plus généraux que les premiers, j'en trouve d'autres plus généraux encore : quatre canines longues et solides ; entre elles, six incisives à chaque mâchoire ; des molaires tranchantes et lacérantes : ce sont les caractères de l'ordre des carnivores. Si je continue l'analyse, je rencontre de nouveaux caractères plus généraux encore que les derniers : des membres disposés pour la marche, et, par suite, des articulations osseuses précises ; la mâchoire supérieure soudée au crâne, les côtes antérieures attachées à un sternum, des omoplates non articulées, une tête articulée par deux condyles sur la première vertèbre, un cerveau à deux hémisphères avec corps calleux, corps striés, couches optiques, tubercules quadrijumeaux et quatre ventricules, etc. : ce sont les caractères des mammifères. Enfin, si j'épuise l'analyse, je trouve de nouveaux caractères bien plus généraux encore : une moelle épinière enfermée dans une boîte osseuse, un crâne composé de plusieurs pièces soudées, des vertèbres à la partie moyenne desquelles s'attachent les côtes et les os des membres, quatre membres de plusieurs articles chacun, des muscles recouvrant les os qu'ils font agir, un cœur musculaire, du sang rouge, deux mâchoires horizontales, des organes distincts des sens, des sexes séparés : ce sont les caractères des vertébrés. On le voit par cette analyse un peu longue, mais indispensable, un bouledogue est un tissu de caractères généraux qui s'ajoutent les uns aux autres à mesure que l'on passe de l'espèce au genre, du genre à l'ordre, de l'ordre à la classe, de la classe à l'embranchement.

On ne saurait, sans forcer les analogies, trouver un enveloppement semblable dans les genres et les espèces géométriques. Si je dis : le triangle isoscèle est une espèce du genre triangle, de l'ordre des polygones, de la classe des surfaces planes, de l'embranchement des surfaces, je n'acquiers pas une idée nouvelle à chaque énonciation nouvelle. Ce qui est sous ces mots, genre triangle, ordre des polygones, classe des surfaces planes, embranchement des surfaces, est compris tout entier dans la définition ordinaire du triangle isoscèle. Analysons en effet : triangle isoscèle veut dire portion du plan terminée par trois droites dont deux sont égales. Cet énoncé me suffit. Que me servirait en effet, la notion du triangle isoscèle une fois connue, de savoir que le triangle, en général, est une portion de l'espace terminée par trois droites qui se coupent ; le polygone, une portion du plan terminée par un nombre quelconque de droites ; la surface plane, une portion de l'espace, sans épaisseur, sur laquelle on peut mener des lignes droites dans toutes les directions; et enfin la surface, deux des trois dimensions de l'espace ? Au contraire, quand je dis : le bouledogue est une espèce du genre chien, de l'ordre des carnivores, de la classe des mammifères, de l'embranchement des vertébrés, à chacune de ces énonciations j'apprends certains caractères, essentiels au bouledogue, et que ne me faisait pas connaître l'énonciation précédente. A vrai dire, tous ces caractères, de plus en plus généraux, étaient contenus, comme nous le verrons plus tard, dans la notion du bouledogue, en vertu du principe de la subordination des caractères ; mais je l'ignorais, et l'énumération précédente pouvait seule me le révéler. Aussi la considération de la hiérarchie des formes, si importante dans les sciences naturelles, est-elle accessoire en géométrie.

La raison de cette différence résulte de la différence même des notions objets de ces deux sciences. Les sciences naturelles étudient des qualités ; la géométrie, des quantités susceptibles de recevoir des limites variables. Chaque notion de qualité forme un tout indivisible et irrésoluble ; les quantités peuvent, au contraire, être augmentées ou diminuées ; il existe entre les notions de qualité des rapports d'inclusion ou d'exclusion ; entre les quantités, des rapports d'égalité ou d'inégalité ; les premières donnent lieu à des questions de subordination, les secondes à des questions de composition. C'est de cette subordination des caractères que découle la hiérarchie des formes naturelles, tandis que la composition ou la génération des quantités mathématiques ne peut produire rien de semblable.

Dans le règne animal, la nature a suivi quatre ou cinq plans généraux de structure : de là les embranchements ; mais chacun de ces plans est réalisé de façons différentes ; chez divers représentants d'un même embranchement, la vie est entretenue par des moyens divers : de là les classes ; ces moyens eux-mêmes peuvent présenter plusieurs degrés de complication : de là les ordres ; des formes distinctes résultent de ces structures plus ou moins complexes : de là les familles ; dans la forme commune à chaque famille, certaines parties ont une organisation spéciale : de là les genres ; enfin des détails plus particuliers encore caractérisent

les espèces. Le naturaliste recherche de quelle façon
ces caractères, de moins en moins généraux ou de
moins en moins particuliers, selon qu'on descend
l'échelle ou qu'on la remonte, s'impliquent ou s'excluent les uns les autres; voilà pourquoi les questions de genres et d'espèces ont dans ses études une
si grande importance. Le géomètre ne s'arrête pas
sur les rapports qui unissent le triangle isoscèle au
triangle en général, celui-ci au polygone, celui-là à la
surface plane, la surface plane à la surface en général,
car ces rapports sont tous de même nature. Les variations de position d'un point déterminent les diverses figures particulières, ou, si l'on veut, les espèces
géométriques ; mais le genre, qu'est-il, sinon l'expression abrégée des règles de construction de figures diverses? Pour tracer un triangle, un quadrilatère, un hexagone, un eptagone, etc., je tire trois,
quatre, cinq, six, sept lignes droites qui se coupent
dans le plan; pour tracer un polygone quelconque, je
tracerai un nombre quelconque de droites qui se cou-
peront deux à deux. Y a-t-il là rien qui ressemble à
ces propositions : le genre est caractérisé par certaines
particularités dans la structure de certains organes ;
l'espèce, par le détail de certains autres organes? Les
notions plus générales de ligne et de surface sont obtenues par le même procédé : la surface est la limite
des variations que peut subir le volume primitivement
donné dans l'espace ; la ligne est la limite des variations
de la surface. Faire varier entre des limites indéfiniment éloignées la quantité étendue, voilà le tout de la

géométrie. Il y a donc, si l'on veut, une hiérarchie entre les formes géométriques; mais le procédé par lequel l'esprit passe du premier degré au second, et de celui-ci aux suivants, est toujours le même; aussi le géomètre s'intéresse-t-il peu à cette subordination logique, et s'applique-t-il tout entier aux questions de composition. Par conséquent, s'il n'est pas faux de dire que la définition géométrique se fait *per genus et differentiam*, on doit reconnaître qu'en géométrie les mots genre et différence spécifique sont loin d'avoir la même signification qu'en histoire naturelle.

Nous avons prouvé que les notions géométriques n'ont pas une origine empirique : elles sont l'œuvre de l'esprit, déterminant selon des lois qu'il pose lui-même l'image indéfinie et indéterminée de l'espace. Par suite, les définitions géométriques qui énoncent le mode de génération propre à chaque figure sont *a priori;* je n'attends pas, pour définir une notion de ce genre, les données de l'expérience; je la crée, et, en la créant, je la définis.

De là un nouveau caractère des définitions géométriques. Toute notion empirique est un composé ; les éléments qui la constituent nous ont été donnés successivement par l'observation ; l'assemblage en est contingent. Quand nous sommes en présence d'un tissu de propriétés naturelles, sommes-nous jamais assurés de les avoir toutes découvertes? peut-être avons-nous omis quelque caractère essentiel, pris pour essentiel un caractère accidentel ; peut-être encore n'avons-nous pas saisi le lien qui, dans la réalité, unit toutes ces propriétés; aussi la notion empirique n'est-elle jamais définitivement close ; toujours elle peut perdre ou gagner. Les définitions empiriques sont donc provisoires et progressives. En géométrie, rien de semblable. La notion à définir n'est pas une somme de propriétés que l'esprit, au fur et à mesure qu'il les découvrait, a ajoutées les unes aux autres; c'est une forme imposée par l'esprit à l'espace. Cette forme possède, il est vrai, plusieurs propriétés distinctes ; dans un triangle, par exemple, un des côtés est plus petit que la somme des deux autres et plus grand que leur différence ; la somme des trois angles est égale à deux angles droits. Mais personne ne s'avisera de soutenir que ces propriétés constituent la notion du triangle, comme les propriétés de bimane, de mammifère et de vertébré constituent la notion d'homme. Les propriétés des figures géométriques ne sont pas des éléments, mais des conséquences; loin de constituer la notion, elles en dérivent. Par suite, les définitions géométriques ne sont pas sujettes aux mêmes vicissitudes que les définitions empiriques; elles sont absolues, immuables et inflexibles.

Il nous reste à chercher si ces définitions sont *nominales ou réelles*. Rien de moins précis que la distinction vulgaire des définitions de mots et des définitions de choses. Les premières, dit-on, déclarent la signification d'un nom, les secondes expliquent et développent la nature d'une chose. Mais qu'est-ce que la signification d'un mot? là est le point à examiner. Un mot est à la fois un son et un signe ; comme son, il

n'a aucun sens ; comme signe, il en a un. Voici quatre
sons : *square, tree, carré, arbre.* Qu'un Français ignorant la langue anglaise entende les deux premiers, il
n'y attachera aucune idée ; mais, en entendant les deux
autres, il se représentera plus ou moins distinctement
une portion de l'espace terminée par quatre droites,
un cylindre ligneux planté dans le sol, des branches,
des rameaux, des fleurs, des fruits. Un son devient un
signe lorsqu'il provoque dans l'esprit l'apparition de
telle idée ou de telle image. Un mot a un sens, parce
qu'il possède une aptitude à éveiller une conception
déterminée. La signification d'un mot n'est donc que
la nature même de la chose signifiée : d'où il suit que
déclarer la signification d'un nom et expliquer la nature de la chose signifiée, c'est une seule opération.
Les définitions de mots sont donc des définitions de
choses, et, réciproquement, comme il n'est pas d'idée
à laquelle ne corresponde un signe du langage, toute
définition de chose est aussi une définition de mot.

On pourra, si l'on veut, distinguer la signification
vulgaire de la signification scientifique d'un mot. Pour
l'ignorant, le mot *pin*, par exemple, signifie un arbre
au port droit et élancé, à la forme conique, aux
branches raides, aux aiguilles rigides et métalliques ;
pour le savant, il signifie une plante dicotylédone,
avec des fibres aux ponctuations aréolées, un tissu
ligneux sans vaisseaux, des rayons médullaires à une
seule rangée de cellules. La signification d'un même
mot varie à mesure que la nature de la chose signifiée
nous est mieux connue.

On serait tenté peut-être de considérer au moins comme définitions nominales celles qui expliquent l'étymologie d'un mot. Ce serait méconnaître singulièrement les lois qui président à la formation des noms. L'étymologie énonce le plus souvent un ou plusieurs des caractères essentiels des choses désignées par les mots. Triangle, quadrilatère, pentagone, hexagone, eptagone, octogone, etc., signifient étymologiquement trois angles, quatre côtés, cinq, six, sept, huit angles, etc. La définition étymologique n'est-elle pas ici presque semblable à la définition même de la chose signifiée ? Que si, sortant du langage scientifique, œuvre d'une réflexion avancée, on remonte aux racines primordiales d'une langue, fruit d'une spontanéité inconsciente, on verra que l'étymologie désigne au moins un des caractères des choses signifiées. « Caverne se dit en latin » *antrum, cavea, spelunca.* Or *antrum* a, en réalité, la » même signification que *internum. Antar* signifie, en » sanscrit, *entre* et *en dedans. Antrum* a donc signifié, » originairement, ce qui est au dedans ou à l'intérieur » soit de la terre, soit de toute autre chose. Il est donc » évident que ce nom n'a pas pu être donné à une » caverne particulière avant que l'esprit de l'homme » eût conçu l'idée générale de l'existence au dedans » de quelque chose. Une fois cette idée générale » conçue par l'esprit et exprimée par la racine pro- » nominale *an* ou *antar*, l'origine de l'appellation » devient très-claire et très-intelligible. Le creux » du rocher où l'homme primitif pouvait se mettre à

» couvert de la pluie ou se défendre contre les attaques
» des bêtes sauvages était appelé son *dedans*, son
» *antrum*, et, dès lors, les cavités semblables, qu'elles
» fussent creusées dans la terre ou dans un arbre,
» devaient être désignées par le même nom. En outre,
» la même idée générale devait donner naissance à
» d'autres noms ; aussi voyons-nous que les *entrailles*
» étaient appelées en sanscrit *antra*, et en grec *entera*,
» originairement choses en dedans.

» Passons maintenant à un autre nom de la caverne :
» *cavea* ou *caverna*... Avant qu'une caverne reçût la
» dénomination de *cavea*, chose creuse, beaucoup
» d'autres choses creuses avaient passé sous les yeux
» de l'homme. D'où est donc venu le choix de la
» racine *cav* pour désigner une chose creuse ou un
» trou? De ce que cette cavité devait servir d'abord de
» lieu de sûreté ou de protection, et d'abri où l'on
» serait à couvert; et c'est pourquoi elle fut désignée
» par la racine *ku* ou *sku*, qui exprimait l'idée de cou-
» vrir....... Une autre forme de *cavus* était *koîlos*,
» signifiant également creux. La conception était ori-
» ginairement la même : une cavité était appelée
» *koîlon*, parce qu'elle servait à mettre à couvert. Mais
» ce son de *koîlon* ne tarda pas à s'étendre, et ce mot
» désigna successivement une caverne, une caverne
» voûtée, une voûte, et enfin la voûte céleste qui
» semble recouvrir la terre (*cœlum*, ciel).

» Telle est l'histoire de tous les substantifs. Ils ont
» tous exprimé originairement un seul des nombreux

» attributs qui appartiennent à un même objet (1). »

Les remarques qui précèdent nous feront comprendre comment les logiciens de Port-Royal ont pu dire avec raison que les définitions de mots sont arbitraires et incontestables. Par définition de mots, ils entendent simplement l'imposition des noms aux choses. « Dans la définition du nom, disent-ils, on ne regarde que le son, et ensuite on détermine ce son à être le signe d'une idée que l'on désigne par d'autres mots. De là il s'ensuit : premièrement, que les définitions des noms sont arbitraires... ; il s'ensuit, en deuxième lieu, que les définitions des noms ne peuvent être contestées (2). » Remplaçons ces mots : la définition de nom par ces autres, l'imposition des noms aux idées, pour éviter, ce que n'ont pas fait Arnauld et Nicole, tout malentendu, et les conclusions des logiciens de Port-Royal sont vraies. Quand j'ai dépouillé un mot de toute signification, quand de signe je l'ai fait son, je puis le faire servir à désigner telle ou telle chose ; le mot cercle peut devenir ainsi le signe d'un plan terminé par trois droites qui se coupent ; le mot triangle, le signe d'un plan limité par une courbe dont tous les points sont également distants d'un point fixe. D'une façon plus générale, il m'est licite, en combinant à ma guise les voyelles et les consonnes de l'alphabet, de créer des sons nouveaux. Qui m'empêchera d'en faire

---

(1) Max Müller, *La Science du langage* (trad. Harris et Perrot, 9ᵉ leç.).

(2) *Logique de Port-Royal*, 2ᵉ part., ch. XII.

les signes de mes idées? qui me contestera l'usage
de cette langue créée par moi et pour moi? L'imposition des noms aux choses, voilà ce qui est arbitraire et
ce qui ne saurait être contesté.

Mais le son, une fois devenu signe, est désormais
rivé à l'idée qu'il désigne, et, pour le définir, je dois
définir cette idée. Aussi les définitions mathématiques
sont-elles loin d'être arbitraires. Que j'appelle triangle
ce que d'ordinaire on appelle cercle, je viole les lois
du langage et de l'étymologie; mais je m'entends, et je
réussirai à me faire entendre d'autrui, à la condition
de déclarer quel sens j'attache à ce mot. Mais cette
déclaration, qui sera la vraie définition du mot, ne
sera-t-elle pas la définition même de l'idée ou de la
chose que ce mot exprime dans mon langage conven-
tionnel? Quelque nom que l'on impose au cercle, que
ce nom soit tiré des langues anciennes ou modernes,
ou qu'il appartienne à un langage de fantaisie, toujours il désignera la portion du plan limitée par la circonférence.

Les définitions géométriques sont incontestables;
mais la raison de ce caractère doit être cherchée ailleurs que dans les propriétés prétendues des définitions nominales. On peut toujours contester une définition empirique, car la valeur des caractères contenus dans la notion définie est toujours sujette à
discussion. La valeur des notions géométriques n'est,
au contraire, jamais suspectée, car elle résulte de
règles de construction posées en toute liberté par
l'esprit lui-même. Aussi la définition, qui expose la gé-

nération particulière de telle figure donnée, ne saurait être jamais contestée.

Ainsi, les définitions géométriques ne sont pas des définitions de mots, au sens où l'on entend d'ordinaire cette expression. Mais, pourrait-on dire, elles sont cependant distinctes des définitions de choses. Je vous demande ce qu'est cette plante aux rameaux terminés par un groupe compact de petites fleurs, les unes jaunes, les autres blanches. Vous me la définissez une composée semi-flosculeuse ; ces deux mots , expression abrégée d'une infinité de caractères révélés l'un après l'autre par l'analyse , sont une définition de chose ; en effet, les caractères qu'ils désignent existent dans la réalité, et la plante qui les possède était donnée avant la définition. Au contraire, en géométrie , rien n'est donné avant les définitions , si ce n'est l'espace vide et indifférent à toute détermination particulière; les figures n'existent pas avant que vous les ayez engendrées, c'est-à-dire définies.

La différence signalée est réelle : c'est que l'origine des notions empiriques et celle des notions géométriques ne sont pas semblables. Nous formons les premières en assemblant des caractères que découvre l'expérience; aussi la chose précède-t-elle la notion. Nous créons les secondes en imposant à notre gré des limites à l'espace; aussi la chose suit-elle l'acte intellectuel qui la produit. Cependant un triangle, un cercle ne sont pas, pour cela, de purs noms : ce sont des déterminations de l'espace, produites par nous, il est vrai, mais qui sont devenues pour nous des choses

objectives dès l'instant où nous les avons engendrées ;
l'œuvre de l'esprit, une fois achevée, s'impose à l'esprit. Toutefois, tout en maintenant cette vérité que
les définitions géométriques sont des définitions de
choses, on peut, pour rappeler l'origine des notions
qu'elles expliquent et ne pas les confondre avec les
définitions des choses empiriques, les appeler définitions *a priori* ou *par génération* (1).

_____

(1) Tout ce que nous avons dit s'applique aux définitions des figures
distinctes. Mais il est, en géométrie, certaines notions dont il semble
possible de considérer les définitions comme purement nominales.
Ainsi la ligne droite prend tour à tour les divers noms de diamètre, de
rayon, d'apothème, d'axe, d'abcisse, d'ordonnée, etc., sans cesser d'être
la ligne droite. Mais remarquons que chacun de ces noms signifie que
la ligne droite ainsi désignée appartient à certaine figure et non pas à
telle autre. Ainsi le diamètre est la ligne droite qui partage le cercle
en deux parties égales ; le rayon, la ligne droite menée du centre à la
circonférence ; l'apothème du polygone régulier, la ligne droite menée
du centre du cercle inscrit ou circonscrit au milieu du côté, etc. Ce sont
là de vraies définitions de choses.

CHAPITRE IV.

ROLE DES DÉFINITIONS DANS LA DÉMONSTRATION GÉOMÉTRIQUE.

Rôle des axiomes dans la démonstration géométrique. — Examen de la théorie du docteur Whewell. — Définition des axiomes. — Stérilité des axiomes. — Rôle de la définition dans la démonstration géométrique. — Examen de la théorie de Stuart Mill. — Examen de la théorie de Dugald-Stewart. — Différence du syllogisme et du raisonnement géométrique. — La définition nous fournit les termes et les intermédiaires entre les termes dont il s'agit de prouver l'égalité ou l'équivalence. — Source de la nécessité des jugements géométriques. — Démonstration dans la géométrie analytique. — Démonstration dans la géométrie imaginaire.

C'est une question encore pendante parmi les géomètres et parmi les philosophes, que de savoir quels sont les principes véritables des démonstrations géométriques. Tous les mathématiciens, depuis Euclide, croient que la certitude du rapport énoncé entre l'attribut et le sujet d'un théorème résulte à la fois des axiomes et des définitions, puisqu'en tête de leurs traités ils placent à la fois des axiomes et des définitions. Chez les philosophes, les avis sont partagés. Locke, le premier des modernes, a nié la fécondité prétendue des axiomes. « Ils ne sont les fondements » véritables d'aucune science, a-t-il dit, et ils sont en- » tièrement inutiles à l'homme pour découvrir des

» vérités inconnues. » — « Ce n'est pas l'influence de
» ces maximes, admises pour principes par les mathé-
» maticiens, qui a conduit les maîtres de cette science
» aux merveilleuses découvertes qu'ils ont faites.
» Qu'un homme de talent connaisse aussi parfaite-
» ment qu'on voudra tous les axiomes dont on fait
» usage dans les mathématiques, qu'il en considère
» l'étendue et les conséquences autant qu'il lui plaira,
» jamais, par leur seul secours, il ne parviendra à sa-
» voir que le carré de l'hypoténuse d'un triangle rec-
» tangle est égal aux carrés des deux autres côtés. La
» connaissance de l'axiome *le tout est égal à toutes les*
» *parties*, et autres semblables, ne servirait de rien
» pour arriver à la démonstration de cette proposi-
» tion, et un homme pourrait méditer éternellement
» sur ces axiomes sans faire un pas de plus dans la
» connaissance des vérités mathématiques (1). » Dugald-Stewart est de l'avis de Locke, et lui aussi il demande quelles conséquences l'esprit le plus subtil
pourrait déduire de ces propositions que deux quantités égales à une troisième sont égales entre elles;
que deux quantités égales restent égales quand on y
y ajoute ou quand on en retranche des quantités
égales (2).

Cet argument n'a pas convaincu un savant philosophe
anglais, le docteur Whewell, qui a plus d'une fois essayé de prouver, contre Dugald-Stewart et ses parti-

---

(1) *Essai sur l'entend. hum.*, liv. IV, ch. XII, § 15.
(2) *Philos. de l'esprit hum.*, 2ᵉ part., ch. I, sect. I.

sans, que les axiomes sont des principes de démonstration à titre aussi légitime que les définitions (1). Il constate d'abord que l'on n'a pu encore arriver à construire un système de vérités géométriques avec les seules définitions. Les mathématiciens qui ont voulu se passer des axiomes d'Euclide sur la ligne droite et sur les parallèles ont échoué; ou bien, par un artifice facile à découvrir, ils ont substitué aux axiomes des définitions énonçant des propriétés évidentes par elles-mêmes, et n'ont ainsi abouti qu'à changer le nom sans supprimer la chose, « puisque poser une propriété comme une vérité évidente, c'est poser un axiome (2).» Ainsi font ceux qui remplacent le deuxième axiome d'Euclide : « deux lignes droites ne peuvent enfermer un espace, » par cette définition de la ligne droite : « une ligne est appelée droite quand deux lignes de cette sorte ne peuvent coïncider en deux points sans coïncider dans toute leur longueur. » — « Il
» est donc étrange d'affirmer que la géométrie repose
» sur les définitions, quand elle ne peut faire quatre
» pas sans poser le pied sur un axiome (3). »

En second lieu, on peut retourner contre les définitions l'argument de Stewart contre les axiomes; si de certains axiomes l'esprit ne peut tirer aucune conséquence, la chose n'est-elle pas vraie aussi de certaines définitions? Définissez, avec Euclide, la ligne

---

(1) Whewell, *Philosophy of the inductive sciences*, et *Appendice to the mechanical Euclid.*
(2) *Mechanical Euclide.*
(3) Ibid.

droite celle qui est située semblablement par rapport
à tous ses points, et de cet énoncé vous ne parvien-
drez pas à faire sortir une vérité nouvelle. Conclura-
t-on de là que toutes les définitions sont stériles? La
vérité, c'est qu'axiomes et définitions sont ensemble
les fondements des démonstrations géométriques, car
les uns et les autres ne sont que des formules différentes d'une même conception fondamentale. La géométrie débute par l'intuition des figures et de leurs
propriétés élémentaires; l'apperception de ces propriétés, voilà la source de l'évidence irrésistible des
raisonnements géométriques. Mais nous pouvons exprimer ces propriétés par des axiomes ou par des
définitions, sans introduire aucune différence dans
la nature de nos démonstrations. Ainsi nous commençons par définir vaguement la ligne droite en disant
qu'elle est la ligne qui s'étend uniformément entre
deux points. Cet énoncé est le premier fruit d'une intuition rapide; mais comme nous ne pouvons en rien
tirer, nous y ajoutons ces axiomes, fruits d'une intuition plus complète, que deux lignes droites ne peuvent
enclore un espace, que la ligne droite est le plus court
chemin d'un point à un autre. Nous complétons la
définition par l'axiome, et les deux, réunis, expriment
l'intuition totale. Il semblerait alors possible de ramener tous les axiomes à des définitions, puisque axiomes
et définitions énoncent également des propriétés in-
tuitivement connues; on peut le faire; mais ce serait
compliquer outre mesure, et sans profit réel, le système des définitions. Il vaut mieux, pour conserver aux

principes de la science une simplicité indispensable,
maintenir la distinction des définitions et des axiomes,
et accepter les seconds comme complément des premières. Si l'intuition totale de chaque figure est seule
le principe du raisonnement, comme elle nous apparaît
sous divers aspects dont l'un est l'objet de la définition, et l'autre l'objet d'un ou plusieurs axiomes, et
comme elle n'est exprimée intégralement ni par la
définition ni par l'axiome, nous sommes forcés de
joindre l'axiome à la définition, c'est-à-dire de réunir
les divers éléments de l'intuition totale que nous avons
décomposée.

Une discussion engagée sans qu'on ait fixé d'abord
le sens des mots sur lesquels porte le débat ne saurait
aboutir. Aussi l'opinion de Dugald-Stewart et celle du
docteur Whewell ne semblent-elles pas s'exclure
l'une l'autre; c'est que ces deux auteurs ne désignent
pas par le mot axiome des propositions de même nature. Il est évident que si vous prenez pour axiome
cette proposition que la ligne droite est le plus court
chemin d'un point à un autre, vous ne pourrez, sans
elle, démontrer que, dans un triangle, un côté est plus
petit que la somme des deux autres. Mais il est évident
aussi que de cet axiome : deux quantités égales à une
troisième sont égales entre elles, il vous est impossible
de déduire aucune vérité inconnue sans faire intervenir
quelque autre vérité. Le docteur Whewell a senti que
sa querelle avec Dugald-Stewart était une querelle de
mots; mais il n'a rien fait pour mettre un terme à ce
malentendu trop prolongé. « L'opinion de Stewart,

» dit-il, vient de ce qu'il a fait un choix arbitraire de
» certains axiomes, comme exemples de tous ; il prend,
» par exemple , les axiomes : que si l'on ajoute deux
» quantités égales à des quantités égales, les sommes
» sont égales ; que le tout est plus grand que la partie,
» et ainsi de suite. Si, au lieu de ces exemples, il avait
» considéré des axiomes plus particulièrement géo-
» métriques, tels que ceux que j'ai mentionnés, que
» deux lignes droites ne peuvent enclore un espace, ou
» quelques-uns des axiomes qui ont été pris pour base
» de la théorie des parallèles, par exemple l'axiome
» de Playfair, que deux lignes droites qui se coupent
» ne peuvent toutes les deux être parallèles à une troi-
» sième ligne droite, il lui aurait été impossible d'as-
» signer aux axiomes un rôle différent de celui des
» définitions dans les raisonnements géométriques. En
» effet, les propriétés du triangle dérivent de l'axiome
» concernant les lignes droites, aussi distinctement et
» aussi directement que les propriétés des angles dé-
» rivent de la définition de l'angle droit. Tous les
» essais faits pour prouver la théorie des parallèles
» supposent presque tous ouvertement un ou plusieurs
» axiomes comme base du raisonnement (1). »

Il ressort de ce passage que les axiomes placés par les
géomètres en tête de leurs traités ne sont pas tous de
même nature. Le docteur Whewell , avant d'engager
contre Dugald-Stewart cette polémique plusieurs fois
reprise, aurait dû déterminer d'abord la nature propre

---

(1) *Mechanical Euclide.*

des axiomes. Il semble considérer comme tels toutes les propositions géométriques évidentes par elles-mêmes. Cette extrême clarté et cette évidence immédiate ne sauraient être les caractères essentiels des propositions axiomatiques ; autrement, il faudrait allonger la liste de ces dernières, et le nombre en varierait suivant les individus, car les uns voient par intuition ce que d'autres n'aperçoivent qu'après démonstration. Il importe donc de s'entendre d'abord sur le sens du mot axiome.

Dugald-Stewart a remarqué que les douze propositions appelées par Euclide *notions communes*, si l'on néglige le caractère d'évidence immédiate qu'elles offrent toutes, sont loin de se ressembler. La huitième, les grandeurs que l'on peut faire coïncider l'une avec l'autre sont égales entre elles, doit être considérée, à bon droit, comme une définition de l'égalité géométrique (1). La dixième : tous les angles droits sont égaux ; la onzième : si deux droites sont rencontrées par une troisième qui forme avec elles deux angles intérieurs d'un même côté, dont la somme soit moindre que deux angles droits, ces deux droites, prolongées indéfiniment, finiront par se rencontrer du côté où elles forment les deux angles valant ensemble moins de deux angles droits, sont certainement des théorèmes et non des axiomes, puisqu'elles énoncent une propriété d'une figure particulière. On peut dire la même chose de la douzième : deux droites ne peuvent enclore un espace.

_____

(1) *Philos. de l'esprit hum.*, 2ᵉ partie, note A.

La neuvième proposition, dont Stewart ne parle pas, est susceptible de démonstration. Si le tout est plus grand que la partie, c'est que, par définition, le tout est égal à la somme des parties, c'est-à-dire égal à une des parties plus les autres, et, par suite, plus grand qu'une partie moins les autres. Restent donc les sept premiers énoncés d'Euclide, qui expriment tous des rapports applicables à toute espèce de grandeur (1).

La rigueur logique exige que l'on ne conserve pas un même nom à ces douze propositions, qu'il est si aisé, comme nous venons de le voir, de distribuer en trois groupes distincts. Les propositions sept et huit doivent d'abord être éliminées et mises au nombre des définitions. Faut-il maintenant, avec Barrow et Robert Simpson, appeler axiomes géométriques les propositions dix, onze et douze (2)? Ce sont, assurément, des vérités évidentes dont il n'est pas besoin et dont il serait peut-être impossible de donner une démons-

---

(1) Ces propositions sont les suivantes : 1° les grandeurs égales à une même grandeur sont égales entre elles ; 2° si à des grandeurs égales on ajoute des grandeurs égales, les sommes seront égales ; 3° si de grandeurs égales on retranche des grandeurs égales, les restes seront égaux ; 4° si à des grandeurs inégales on ajoute des grandeurs égales, les sommes seront inégales ; 5° si de grandeurs inégales on retranche des grandeurs égales, les restes seront inégaux ; 6° les grandeurs qui sont doubles d'une même grandeur sont égales entre elles ; 7° les grandeurs qui sont les moitiés d'une même grandeur sont égales entre elles.

(2) Peyrard, un des derniers éditeurs d'Euclide, range ces trois énoncés au nombre des *demandes*. On sait qu'Euclide, avant de formuler ses théorèmes, demande de pouvoir : 1° mener une ligne droite d'un point quelconque à un autre point quelconque ; 2° prolonger indéfiniment, suivant sa direction, une ligne droite finie ; 3° décrire un cercle d'un point quelconque comme centre, et avec une distance quelconque. Ces *postulata*, que nous avons eu déjà l'occasion de mentionner, reviennent à ceci : je demande, pour créer la géométrie, l'espace indéfini et passif, et l'esprit indéfiniment actif s'exerçant sur l'espace et

tration. On ne conteste pas non plus qu'elles aient une place déterminée dans la chaîne des vérités géométriques, et que les supprimer ce serait rompre cette chaîne sans pouvoir jamais la renouer. Mais ce caractère ne suffit pas à en faire une classe de propositions distincte des théorèmes ; comme ceux-ci, elles énoncent des propriétés de figures particulières, et non pas des rapports entre des quantités indéterminées. Sous peine donc de donner matière à de perpétuels malentendus, il faut réserver le nom d'axiomes aux propositions de cette dernière espèce (1).

L'auteur de la *Philosophie de l'esprit humain* l'a bien compris, et, quand il parle de la stérilité des axiomes, il a soin d'avertir le lecteur qu'il n'a en vue « que des axiomes du genre des neuf premiers, placés en tête des *Éléments* d'Euclide (2). » Mais, quelque

le déterminant. Les trois propositions mises par Peyrard au nombre des *demandes* ont un tout autre caractère; elles n'énoncent pas les conditions primitives indispensables à la création de toutes les figures, mais bien un caractère particulier d'une figure déterminée.

(1) Legendre ne place en tête de ses *Éléments de géométrie* que cinq axiomes : 1° deux quantités égales à une troisième sont égales entre elles; 2° le tout est plus grand que la partie; 3° le tout est égal à la somme des parties dans lesquelles il a été divisé; 4° d'un point à un autre, on ne peut mener qu'une seule ligne droite; 5° deux grandeurs, lignes, surfaces ou solides, sont égales lorsque, étant placées l'une sur l'autre, elles coïncident dans toute leur étendue. La première de ces propositions doit seule conserver le nom d'axiome; la seconde est un théorème; la troisième, la définition du tout; la quatrième, un théorème; la cinquième est la définition de l'égalité géométrique.

(2) *Philos. de l'esprit hum.*, 2e part., sect. I. — Stewart n'aurait dû admettre comme axiomes que les sept premières *notions communes* d'Euclide. Du reste, dans le même ouvrage, il reconnaît plus loin que les propositions 8 et 9 sont des définitions.

soin qu'on mette à séparer les axiomes des propositions différentes avec lesquelles on les a souvent con-
fondus, il ne suffit pas, pour en démontrer la stérilité,
de demander quelles conséquences on en a jamais dé-
duites ; il faut encore prouver qu'on ne saurait en tirer
aucune vérité nouvelle. Cette preuve a été faite par le
maître éminent dont nous avons reçu les leçons à
l'École normale.

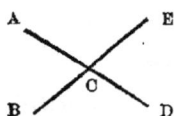

Soit à prouver que deux
angles opposés par le sommet
sont égaux ; j'ai :

$$ACB + ACE = 2 \text{ droits},$$
$$ECD + ACE = 2 \text{ droits}.$$

Donc $ACB + ACE = ECD + ACE$; ou $ACB = ECD$.

C'est là un raisonnement très-clair par lui-même, et
qui n'a pas nécessité l'emploi du premier axiome de
Legendre : deux quantités égales à une troisième sont
égales entre elles. Donc, en fait, aucun axiome n'intervient dans cette démonstration. On dira peut-être
que cet axiome est la majeure sous-entendue de mon
syllogisme, et le principe de la conclusion que j'ai
tirée. A parler rigoureusement, une telle proposition
ne saurait être la majeure d'aucun syllogisme. Pour
rendre la démonstration plus aisée, empruntons un
exemple à la théorie logique du raisonnement.

Tout homme est mortel,
Socrate est homme,
Donc Socrate est mortel.

Voilà un syllogisme rigoureux et une conclusion

indubitable, dont le principe est cette règle générale :
tout homme est mortel, que nous avons appliquée au
cas particulier de Socrate. Si je pose mentalement
à mon syllogisme une majeure telle que celle-ci : ce
qui est vrai de l'espèce est vrai de l'individu, et que
je raisonne de la façon suivante :

> Ce qui est vrai de l'espèce est vrai de l'individu,
> Or mortel est vrai de l'espèce homme,
> Donc mortel est vrai de l'individu Socrate,

la conclusion, quoique vraie en elle-même, n'est pas
contenue dans les prémisses, et j'ai péché contre les
règles de la logique. C'est une règle absolue du syllogisme que le moyen terme doit être le même dans la
majeure et dans la mineure ; autrement les deux termes extrêmes ne seraient pas comparés à la même idée
dans les prémisses, et toute conclusion serait impossible. Or, ici, le moyen terme est, dans la majeure : *ce
qui est vrai de l'espèce*, et, dans la mineure : *vrai de
l'espèce homme;* dans la majeure, il s'agit de l'espèce
indéterminée, et, dans la mineure, d'une espèce déterminée : la conclusion est donc illégitime.

Revenons à notre exemple géométrique, et construisons le syllogisme suivant : Deux quantités égales à
une troisième sont égales entre elles ;

or $ACB + ACE = 2$ droits, $ECD + ACE = 2$ droits ;
donc $ACB + ACE = ECD + ACE$.

La conclusion n'est pas légitime, parce qu'ici encore je suis passé de l'idée d'une quantité indéterminée à celle d'une quantité déterminée; le moyen

terme: « égales à une troisième quantité, » dans la majeure, n'est pas le moyen terme de la mineure : « égal à deux angles droits. » L'axiome : « deux quantités égales à une troisième sont égales entre elles, » ne peut donc figurer dans ce syllogisme ; il n'en est donc pas le principe (1).

Il semble qu'après avoir prouvé la stérilité des axiomes, on puisse attribuer sans conteste aux définitions le rôle de prémisses originelles du raisonnement géométrique. Pourtant une école aujourd'hui célèbre prétend, à l'aide d'une subtile analyse, établir que la certitude des théorèmes résulte d'un postulat impliqué dans la définition, et non, comme les mathématiciens et les philosophes l'avaient cru depuis Aristote, de la définition elle-même.

« Prenons, par exemple, dit M. Stuart Mill, quel-
» qu'une des définitions posées comme prémisses
» dans les *Éléments* d'Euclide, celle, si l'on veut du
» cercle. Cette définition, analysée, offre deux proposi-
» tions dont l'une est relative, par hypothèse, à un
» point de fait, et l'autre une définition légitime. Il
» peut exister une figure dont tous les points de la
» ligne qui la termine sont à une égale distance d'un
» point intérieur. » — « Toute figure ayant cette
» propriété est appelée un cercle. » Examinons main-
» tenant une des démonstrations qu'on dit dépendre
» de cette définition, et voyons à laquelle des deux
» propositions qu'elle renferme la démonstration fait

» en réalité appel. « Du centre A décrivez le cercle.
» BCD. » Il est supposé ici qu'une figure comme
» celle indiquée par la définition peut être tracée, et
» cette définition n'est que le postulat caché dans la
». définition. Mais que cette figure soit ou ne soit pas
» appelée cercle, c'est tout à fait indifférent. On aurait
» obtenu absolument le même résultat, sauf la briè-
» veté, en disant : « du point B tirez une ligne reve-
» nant sur elle-même dont chaque point sera à une
» égale distance du point A. » De cette manière, la
» définition du cercle disparaîtrait et serait rendue
» inutile, mais non le postulat y impliqué, sans lequel
» il n'y aurait pas de démonstration. Le cercle étant
» décrit, suivons la conséquence. « Puisque BCD est
» un cercle, le rayon BA est égal au rayon CA. » BA
» est égal à CA, non pas parce que BCD est un cercle,
» mais parce que BCD est une figure à rayons égaux.
» Notre garantie, pour admettre qu'une telle figure
» autour du centre A, avec le rayon BA, peut être
» réalisée, est dans le postulat (1). »

Ce passage, si précis en apparence, renferme plusieurs confusions d'idées qu'il importe de démêler. Suivant l'auteur et ses disciples, la science géométrique ré-
sulterait, comme la chimie et la physique, d'une longue
série d'expériences, qui, par la constance de résultats identiques, justifieraient notre croyance invincible
à la vérité des théorèmes ; la certitude des propositions mathématiques serait alors de même ordre que

(1) Stuart Mill, *Système de logique*, liv. I, ch. VIII.

celle des vérités physiques et physiologiques. C'est
oublier cette distinction fondamentale, que les sciences
inductives ont pour objet la nature concrète, qui se
manifeste à nous par des phénomènes dont les agents
demeurent inconnus, tandis que la géométrie porte sur
des notions dont l'esprit lui-même est l'auteur, et que,
par suite, dans les sciences de la nature nous sommes
réduits à la recherche de rapports de succession entre
des faits, tandis qu'en géométrie nous saisissons immédiatement la génération des propriétés essentielles des
figures qui dérivent de la loi de construction posée par
l'esprit. Cette première confusion en amène une autre :
on confond la notion d'une figure déterminée par nous
dans l'espace et la possibilité de l'appliquer à la réalité
phénoménale. Nous avons essayé de montrer que la
géométrie ne saurait être l'œuvre d'un esprit pur, et
que l'intuition de l'espace était indispensable à la génération des figures ; mais nous opérons sur cette matière
indéfinie et partout homogène , sans aucun souci des
corps aux contours irréguliers qu'elle contient. Que,
dans ceux-ci, les formes géométriques les plus simples
aient été à peu près réalisées jusqu'à ce jour, c'est un
fait dont la connaissance suit la démonstration et ne
la précède pas, et dont la raison doit être cherchée dans
cet autre fait que tous les corps sans exception sont
perçus dans l'espace ; mais confondre la notion *a priori*
et sa réalisation empirique, c'est confondre le modèle
et la copie. La chose est si vraie, que le nombre des
formes réalisées par les corps naturels n'est rien au
prix du nombre incommensurable des formes pos-

sibles. Si l'on objecte que toujours nous construisons sur des objets matériels les figures géométriques, nous ferons observer que cette construction est postérieure à l'intuition de la figure, et que, d'ailleurs, nous la supposons toujours purifiée des imperfections de l'expérience sensible, et la rapportons par conséquent à un modèle idéal. On confond enfin la définition même de la figure avec l'imposition d'un nom à la figure définie. Nous accordons que l'analyse découvre en toute définition deux propositions : la première qui énonce la possibilité d'engendrer une figure déterminée, et la seconde qui fait connaître le nom donné à cette figure. La première, qui, pour M. Stuart Mill, est purement relative à « un point de fait, » est à nos yeux la définition véritable ; la seconde, qui, pour le logicien anglais, est la vraie définition, nous apprend simplement que, dans le langage, tel nom est le signe de telle idée. — « Il peut exister une figure dont tous les points de la ligne qui la termine sont à égale distance d'un point intérieur. » — « Toute figure ayant cette propriété est appelée un cercle. » — On pourrait retourner ces propositions et dire : un cercle est une portion de plan terminée par une ligne dont tous les points sont également distants d'un point intérieur; et : il peut exister une figure ayant cette propriété, et montrer que la première seule est féconde en vérités nouvelles ; mais, sans faire assaut de subtilité avec le plus subtil des logiciens contemporains, il suffit d'accepter la question telle que la pose M. Stuart Mill, pour en tirer des conclusions opposées aux siennes. Il est indifférent, nous le reconnaissons, que telle figure soit ou non appelée de tel nom; aussi l'imposition des termes techniques aux choses suit-elle la découverte des choses et n'a-t-elle pour but que la brièveté du langage. Par conséquent, toute proposition de ce genre: j'appelle cercle ou triangle une figure possédant telle propriété, est postérieure à la proposition qui énonce la génération de cette figure ; on peut, par suite, refuser toute fécondité à la première, et voir dans la seconde seule l'origine des vérités ultérieurement démontrées. Mais, nous le demandons, n'est-ce pas abuser d'une confusion de mots créée à plaisir que d'appeler définition l'imposition d'un terme technique à une idée; fait ou postulat, la possibilité de la conception désignée par ce terme, et de soutenir, après cela, que ces postulats, et non pas les définitions, sont les prémisses des vérités géométriques? Si donc nous rendons aux mots leur sens véritable et appelons définition géométrique toute proposition énonçant que telle forme peut être construite dans l'espace, sans rechercher ici si une telle possibilité est admise en vertu d'une intuition *a priori* ou d'une preuve expérimentale, nous dirons avec M. Stuart Mill que « les termes techniques qui correspondent aux définitions d'Euclide pourraient être mis de côté sans que la certitude des vérités géométriques fût en rien altérée ; » mais nous serons autorisés à conclure contre lui que les définitions ont un rôle efficace dans la démonstration des théorèmes.

Quel est ce rôle ? Dugald-Stewart l'a comparé à celui des faits généraux desquels on déduit dans les sciences naturelles des phénomènes particuliers. C'est se contenter d'une analogie lointaine qui deviendrait dangereuse si on l'exagérait. A proprement parler, il n'y a pas de faits généraux dans la nature. Avant la science, l'univers est pour nous un chaos de phénomènes s'accomplissant chacun dans un point déterminé de l'espace et à un instant particulier du temps. La science, découvrant une succession constante entre ces faits, trouve l'ordre là où semblait exister l'anarchie ; elle assigne à chaque phénomène une place fixe dans des séries indéfinies, où chaque terme est effet de celui qui le précède et cause de celui qui le suit. On appelle loi l'expression de ce rapport invariable de succession qui unit ainsi deux phénomènes. Mais, si la loi peut être dite un fait généralisé, si elle peut devenir le principe de déductions ultérieures, n'oublions pas qu'elle est un fruit de l'expérience, et que les conséquences qui en découlent sont des faits de même nature que les faits qui en ont été l'origine. La définition géométrique est, au contraire, antérieure à l'expérience phénoménale, et les conséquences qu'en peut tirer le raisonnement ne sont pas des cas particuliers dans lesquels on décomposerait une formule générale.

Considérons de plus près la démonstration géométrique, si nous voulons y découvrir la vraie fonction des définitions.

La démonstration géométrique ne doit pas être confondue avec le raisonnement déductif ordinaire. On fait un syllogisme pour répondre à une question

de ce genre : mortel est-il vrai de Socrate? Comme
l'inclusion de l'attribut dans le sujet n'est pas immédiatement aperçue, pour résoudre la question on
place entre les deux termes, mortel et Socrate, un
terme d'extension et de compréhension moyennes,
homme par exemple, et l'on raisonne ainsi : mortel
est un des attributs du sujet homme ; homme est un
des attributs du sujet Socrate ; donc, comme l'attribut
est toujours affirmé du sujet avec toute sa compréhension, mortel est un des attributs du sujet Socrate. Tout
syllogisme revient à la formule suivante : A est en B,
B est en C, donc A est en C; A, B, C, étant les symboles d'idées de qualité, d'extension et de compréhension différentes. L'analyse découvre, à la rigueur,
dans la démonstration géométrique trois termes et
trois propositions, mais qui sont loin de ressembler
aux termes et aux propositions du syllogisme ordinaire. Dans le syllogisme ordinaire, les prémisses sont
tantôt universelles, tantôt particulières ; dans la démonstration géométrique, elles sont toutes singu-
lières et universelles. Bien qu'elles portent en particulier sur la figure individuelle prise comme échantillon,
elles sont vraies cependant de toutes les figures semblables que l'on peut construire en chaque lieu de l'espace indéfini. Dans le syllogisme ordinaire, les termes
sont des idées de qualité, douées chacune d'une compréhension et d'une extension propres, et qui, par
suite, s'incluent ou s'excluent l'une l'autre. Dans la
démonstration géométrique, les termes sont des idées
de quantité, c'est-à-dire des grandeurs qui, bien

qu'elles aient chacune une forme particulière, n'ont pas de compréhension ; si l'on dit, en effet, qu'un triangle est compris dans un hexagone comme l'attribut mortel est compris dans le sujet Socrate, c'est jouer sur les mots. Or tout raisonnement a pour but de découvrir des rapports entre des idées données, et la nature de ces rapports dépend de la nature même des notions considérées ; si donc entre les notions de qualité il n'existe que des rapports d'inclusion et d'exclusion, on cherchera, par le syllogisme ordinaire, si deux notions de qualité données s'incluent ou s'excluent l'une l'autre ; mais comme entre des notions de quantité il n'existe que des rapports d'égalité et d'inégalité, d'équivalence et de non-équivalence, on cherchera, par la démonstration géométrique, si deux grandeurs données, de forme semblable ou différente, sont égales ou inégales, équivalentes ou non équivalentes (1).

La nature des termes de la proposition géométrique une fois déterminée, comment procède la démonstration ? L'énoncé de la question nous donne les deux grandeurs entre lesquelles on cherche des rapports géométriques. Ainsi je dis : la somme des trois angles d'un triangle rectiligne est-elle égale à deux droits ? Un premier office de la définition consiste à poser en quelque sorte la question dans l'espace, devant l'imagination. Je ne puis entendre ces deux termes, triangle rectiligne et deux angles droits, sans me

_____

(1) Cf. J. Lachelier, *De Natura syllogismi.*

représenter aussitôt, d'un côté, une portion du plan terminée par trois droites, et, de l'autre, deux droites qui se coupent en formant deux angles adjacents égaux, c'est-à-dire sans définir les deux notions exprimées par les termes, car, nous le savons, définir c'est engendrer dans l'espace des formes déterminées.

La question ainsi posée, il faut la résoudre; les deux grandeurs ainsi représentées, il faut voir si elles sont égales ou inégales, équivalentes ou non.

Dans certains cas le rapport cherché apparaît immédiatement, et, pour le saisir, il suffit de voir distinctement les deux termes de la question. Ainsi, quand je dis: la ligne droite est le plus court chemin d'un point à un autre, je ne puis me représenter une ligne droite sans voir aussitôt qu'elle est le chemin le plus bref entre les deux points qui en sont les limites, et je ne puis me représenter le plus court chemin d'un point à un autre sans voir qu'il est la ligne droite tracée entre ces deux points; les deux représentations se confondent; la synthèse du sujet et de l'attribut est immédiate. Ici, la vérité du théorème résulte directement de la définition.

D'autres fois, sans que le rapport apparaisse aussitôt que la question est posée, l'esprit le découvre sans avoir encore besoin d'intermédiaire. Pour cela, déplaçant une des grandeurs données, il les fait coïncider toutes les deux, et en constate ainsi l'égalité ou l'inégalité : c'est ainsi qu'on prouve l'égalité de deux triangles, de deux polygones, de deux moitiés de cercle, et de toutes les figures égales. Là encore, la vérité du théorème résulte immédiatement de la définition.

Le plus souvent, le rapport des grandeurs données n'apparaît pas directement, et la superposition des figures est impossible. Alors, entre l'attribut et le sujet de la question, il faut placer un intermédiaire. Par exemple, soit à démontrer cette proposition si simple déjà citée dans ce chapitre : les angles opposés par le sommet sont égaux.

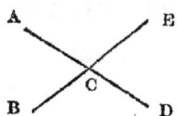

La question posée, je vois les angles ACB et ECB, mais je ne puis dire encore si ces deux quantités sont égales. Mais je vois que BCA + ACE est égal à deux angles droits, que ECD + ACE est aussi égal à deux angles droits ; le rapport demandé est découvert, et je puis mettre la démonstration sous la forme suivante :

$$ACB + ACE = 2 \text{ droits};$$
$$ECD + ACE = 2 \text{ droits};$$
$$\text{donc } ACB + ACE = ECD + ACE,$$
$$ACB = ECD.$$

Entre les deux quantités données par la question, et que je ne puis appeler grand terme et petit terme, car ces expressions éveillent l'idée d'une compréhension et d'une extension variables, mais qu'il m'est permis de nommer sujet et attribut de la question, j'ai placé une représentation intermédiaire, grâce à laquelle j'ai découvert le rapport cherché. Cette fois, les définitions m'ont rendu un double office : elles m'ont fourni d'abord les données de la question, puis l'intermédiaire qui les unit ; en effet cet intermédiaire est une figure, et nous ne pouvons nous représenter une figure sans l'avoir définie.

Toutes les démonstrations ne sont pas aussi simples que celle-ci, et souvent, entre la quantité sujet et la quantité attribut, il nous faut intercaler plusieurs intermédiaires ; mais toujours ces intermédiaires sont des représentations géométriques, c'est-à-dire des définitions. On nous fera remarquer sans doute que, dans de nombreux cas, au lieu de fatiguer l'imagination en la promenant ainsi de figure en figure, nous nous contentons d'invoquer une proposition précédemment démontrée, sans évoquer aucune représentation. Mais n'oublions pas qu'en géométrie, comme ailleurs, l'esprit, pour plus de rapidité, s'habitue à opérer sur les mots en négligeant les idées. Les notions géométriques sont des intuitions ; les propositions géométriques sont des séries d'intuitions ; mais, la vérité d'un théorème une fois trouvée, nous nous débarrassons au plus vite de l'appareil gênant des figures, et, fixant par des mots les rapports découverts, nous introduisons entre les deux quantités d'une question nouvelle non plus une série d'images, mais une série de mots exprimant une relation découverte précédemment entre des quantités primitivement représentées. Mais n'oublions pas que, sous chacune de ces propositions, se cache une série plus ou moins longue d'images dont l'égalité ou l'équivalence ont été saisies antérieurement par intuition. Aussi, qu'un obstacle nous arrête au milieu de ces déductions logiques d'où semblent bannies les représentations dans l'espace, si, fidèles au précepte de Pascal, nous substituons mentalement la définition au défini, les formes un instant effacées reparaissent tout à coup, et l'intuition redresse la logique abstraite.

Par conséquent toute démonstration géométrique peut être mise sous l'une des deux formes suivantes : 1° A est égal à A′, quand A et A′ sont des grandeurs de même forme; 2° A est équivalent à B, B à C, C à D, etc., quand A, B, C, D, etc., sont des grandeurs de formes différentes. Mais A, A′, B, C, D, etc., sont des représentations de portions déterminées de l'espace, lignes, surfaces, solides. Or la représentation d'une figure est le résultat de sa loi propre de construction, c'est-à-dire de sa définition. Nous sommes donc autorisés à conclure que les définitions fournissent les données des questions à résoudre et les intermédiaires qui les unissent dans la démonstration.

En résumé, les théorèmes de géométrie ne sont pas des propositions identiques, comme l'a voulu Condillac; autrement la géométrie tout entière ne serait qu'une immense tautologie; ils ne sont pas davantage des propositions analytiques, comme on le croit parfois; autrement un esprit doué d'une pénétration exceptionnelle verrait toutes les propositions d'Euclide dans les trente définitions placées en tête de ses *Éléments*. L'attribut de ces jugements n'est pas une répétition du sujet; il n'en est pas non plus un élément; mais l'attribut et le sujet sont les notions de

quantités égales ou équivalentes, distinctes de forme,
ou tout au moins distinctes de position, que l'on peut
substituer l'une à l'autre. C'est toujours par une synthèse que la substitution est opérée ; tantôt il suffit
de définir les termes de la question pour en faire la
synthèse ; tantôt au contraire, bien que nettement
définies, ces deux quantités restent isolées ; alors une
ou plusieurs définitions évoquent à nos yeux une ou
plusieurs quantités intermédiaires grâce auxquelles
nous opérons la synthèse demandée.

Nous pouvons maintenant nous rendre compte de la
nécessité des propositions géométriques. D'une façon
générale, une proposition nécessaire est celle dont il
nous est impossible de concevoir le contraire. Ceux
d'entre les philosophes et les géomètres qui voient
dans la seule expérience sensible l'origine des notions
et des vérités géométriques ont prétendu que la nécessité des théorèmes dérivait de la constance des
mesures empiriques. Depuis le jour où l'homme, mesurant pour la première fois les trois angles d'un
triangle, les a trouvés égaux à deux angles droits,
aucun fait n'est venu démentir ce premier résultat de
l'expérience. Aussi l'habitude de les rencontrer toujours associées nous a-t-elle fait river l'une à l'autre
ces deux notions, de telle sorte que nous les considérons aujourd'hui comme inséparables. Mais ce que
nous appelons liaison nécessaire n'est qu'une liaison
familière dont nous affirmons la permanence future
en vertu d'une induction semblable à celle qui nous
fait attendre avec confiance le retour des phénomènes

naturels dont les antécédents seront donnés. Sans rentrer ici dans une discussion épuisée, il nous suffira de dire qu'une telle façon de concevoir la nécessité des propositions de la géométrie enlève à ces dernières toute certitude apodictique, et les réduit à n'être que des résumés du passé, sans valeur pour l'avenir. Que vaut, en effet, cette induction, dont le seul fondement est l'expérience des âges antérieurs? pourquoi ces liaisons ne seraient-elles pas changées d'un instant à l'autre ?

D'autres philosophes, et Dugald-Stewart est de ce nombre, pour sauver la certitude scientifique de la géométrie, ont fait des théorèmes les conséquences logiques des hypothèses, c'est-à-dire des définitions placées au début de la science. Il est vrai que les définitions géométriques ne s'imposent pas à l'esprit, qu'on peut les poser ou ne les pas poser ; il est vrai, d'autre part, qu'une majeure une fois posée, la conclusion en sort nécessairement. Mais nous avons vu que les définitions ne remplissent pas dans la démonstration géométrique le même office que les majeures dans les raisonnements syllogistiques ; et, d'ailleurs, est-il légitime de les considérer comme des hypothèses ? Dans les sciences de la nature, faire une hypothèse, c'est imaginer un antécédent à un phénomène dont l'observation ne découvre pas l'antécédent réel. Telles ne sauraient être les prétendues hypothèses géométriques. Dans les raisonnements déductifs, une hypothèse est un rapport supposé entre deux idées, dont nous pourrions nous abstenir, et qu'il serait pos-

sible de remplacer par une supposition contraire. Or,
si nous pouvons nous abstenir de poser les définitions
géométriques , une fois posées, il nous est absolument
impossible d'y substituer des notions contraires ; dès
l'instant où nous avons engendré une figure , l'œuvre
objective de l'esprit s'impose à l'esprit, et demeure à
tout jamais ce que l'esprit l'a faite. La raison de la
nécessité géométrique n'est donc pas dans le prétendu
caractère hypothétique des définitions.

La nécessité, en général, est une liaison qui ne peut
pas ne pas être ; mais il faut distinguer l'une de l'autre
la nécessité physique, la nécessité logique et la nécessité géométrique. L'univers physique est un réseau immense de phénomènes unis entre eux par des liens in-
vincibles ; l'anarchie n'est pas plus dans la nature que
dans la pensée, et ce qui paraît au vulgaire confusion et
désordre se résout aux yeux du savant en systèmes har-
monieux. Tout fait a une place invariable dans ces séries régulières, mais si intimement entrelacées et en-
chevêtrées, qu'il a fallu des siècles pour en saisir la
trame. Tant que cette place fixe n'a pas été découverte,
rien ne semble nécessaire dans la production des phénomènes; mais dès que l'esprit a trouvé les rapports des
faits , dès qu'il a démêlé sous la multiplicité sensible
l'unité intelligible, aussitôt la production d'un fait quelconque est subordonnée à l'apparition d'un fait anté-
rieur ; les phénomènes, désormais rivés ensemble, forment des couples stables, qui, s'unissant l'un à l'autre,
constituent ces séries indéfinies où chaque terme dépend de celui qui le précède, et commande celui qui

le suit. Alors nous apparaît distinctement la notion
de la nécessité physique : nous ne pouvons pas concevoir que, tel phénomène étant donné, tel autre phénomène ne suive pas. On voit par là que cette nécessité suppose deux choses : une matière sensible et
une forme intelligible ; des phénomènes s'accomplissant objectivement dans l'espace, et, entre eux, des rapports constants et invariables. Si l'on peut soutenir
avec quelque apparence de raison que le principe d'une
telle nécessité est la pensée elle-même, on ne saurait
pourtant contester que, sans les phénomènes particuliers auxquels s'applique cette pensée, une telle nécessité demeurerait éternellement subjective et formelle.

Toute autre est la nécessité logique. Tandis que les
recherches du physicien portent sur des objets réels
qui occupent une place déterminée dans l'espace et
le temps, le logicien considère des notions générales,
abstraction faite de l'espace et du temps. On peut dire
avec raison que la logique formelle est une sorte de
chimie intellectuelle, régie par ce principe : Quelles
que soient les décompositions et les combinaisons des
idées, toujours à la fin de l'opération on doit retrouver la même quantité de *matière*. Le logicien a pour
instrument l'analyse ; il prend des idées complexes,
d'une compréhension plus ou moins riche, et, sans se
préoccuper de la façon dont ces composés ont été formés, il dégage les éléments qui y étaient enveloppés.
De là le caractère propre des propositions logiques.
Les jugements empiriques sont synthétiques ; les juge-

ments logiques sont analytiques ; l'attribut, quel qu'il soit, était contenu dans le sujet, et l'œuvre de la pensée a été de l'en dégager. Aussi, dans ces juge-ments, le verbe exprime-t-il toujours une identité totale ou partielle entre l'attribut et le sujet. Il suit de là que la nécessité de ces propositions est tout idéale : je pose dans mon esprit une certaine somme d'attri-buts appelée sujet ; j'affirme de cette somme un des attributs qui en font partie ; il ne peut pas se faire que le rapport énoncé ne soit pas, ou qu'il soit autre qu'il est. Il y a encore là, si on veut, une matière et une forme ; mais la matière n'est plus un fait hors de l'esprit ; c'est une idée dans l'esprit.

Dans la proposition géométrique, au contraire, nous trouvons une forme intelligible et une matière qui, sans être phénoménale, est cependant extérieure à l'esprit, et qui, sans être idéale, est cependant intel-ligible. Nous avons vu que, pour créer la géométrie, l'esprit découpait en quelque sorte dans l'espace des portions déterminées. La matière de la proposition géométrique n'est donc pas un phénomène particu-lier, corps ou fait, mais la forme vide, dont tous les corps sont revêtus, et c'est entre les portions de l'espace déterminées par l'esprit lui-même qu'il s'agit de trou-ver des rapports. On conçoit, dès lors, que la nécessité géométrique ne ressemble ni à la nécessité physique, ni à la nécessité logique. En physique, la nécessité est une liaison de phénomènes dans le temps, abstraction faite de l'espace ; en logique, elle est une liaison d'idées, abstraction faite de l'espace et du temps ; en

géométrie, elle est une liaison de formes, abstraction
faite du temps. Dans la nature extérieure, les phénomènes apparaissent à un endroit particulier de l'espace ; mais, la loi trouvée, l'espace disparaît en quelque
sorte, et il ne reste qu'un ordre invariable de succession. Dans le monde des idées, les notions que la
logique analyse n'ont aucun rapport à l'espace et au
temps ; si le passage du sujet à l'attribut se fait dans le
temps, car les actes de l'esprit sont successifs, il n'en
est tenu aucun compte dans le résultat de l'opération.
Dans la géométrie, le sujet et l'attribut sont des déterminations de l'espace homogène, passif et indéfini.
La nécessité de l'attribution ne dérive pas d'une identité entre les deux termes de la proposition ; même
quand ces termes sont des notions de grandeurs égales
et de même forme, ils ne sont pas identiques, car
chacun d'eux occupe un lieu distinct dans l'espace :
autre chose est se représenter le triangle ABC ; autre
chose, imaginer le triangle A'B'C' ; à plus forte raison
une telle identité n'existe-t-elle pas quand les grandeurs mises en présence sont de forme différente ;
si, numériquement, les trois angles d'un triangle
sont égaux à deux angles droits ; autre chose est
se représenter une portion de l'espace terminée par
trois droites, et autre chose, imaginer deux portions
de l'espace adjacentes et égales, comprises entre
deux droites qui se coupent. La synthèse du sujet et
de l'attribut se fait en un, deux ou plusieurs temps :
tantôt par la superposition des figures, tantôt par la
substitution de grandeurs équivalentes à des gran-

deurs équivalentes. Toute démonstration est un déplacement de figures individuelles. Il semble, dès lors, que le résultat de l'opération n'ait qu'une valeur empirique, car rien ne force les images futures à entrer dans le même moule. La chose serait vraie si nous opérions sur les formes des corps naturels et non sur des déterminations de l'espace engendrées par nous-mêmes. Mais nous avons vu, dans un précédent chapitre, que, la loi de construction une fois posée par l'esprit, rien dans l'espace ne s'opposait à ce qu'elle fût réalisée. Dès lors, nous sommes assurés que partout et toujours nos définitions pourront être objectivées. Aussi, quand nous superposons deux figures égales, quand nous substituons l'une à l'autre deux grandeurs équivalentes, ne faisons-nous pas une simple constatation de fait, mais une démonstration véritable. Pour que la liaison des grandeurs réunies ne fût pas nécessaire, il faudrait que l'une d'elles pût changer de forme. Mais d'où viendrait la cause du changement, puisqu'elle ne saurait venir ni de l'espace absolument passif et partout homogène, ni de l'esprit qui peut varier à l'infini ses créations, mais non pas les altérer une fois qu'elles sont réalisées? La nécessité géométrique résulte donc du caractère essentiel et de la fonction des définitions.

Tout ce qui précède est vrai de la géométrie euclidienne traitée par la méthode des anciens; mais les choses ne se passent-elles pas autrement dans cette même géométrie traitée par la méthode des modernes et dans la géométrie non euclidienne?

Pour ce qui est de la géométrie analytique, la réponse est facile. Nous savons comment s'opère le passage du concret à l'abstrait; la formule algébrique une fois substituée à la définition intuitive, l'esprit opère avec confiance sur les signes abstraits, convaincu que leurs rapports correspondent aux rapports des choses signifiées; les représentations, absentes du calcul, ne reparaissent qu'à la fin pour interpréter la conclusion. Les moyens termes ne sont donc pas ici des images correspondant à des définitions, mais des symboles conventionnels. Pourtant, les opérations effectuées sur les signes algébriques, qui ont conduit les modernes à de si nombreuses découvertes, n'auraient pu, à l'origine, être comprises sans le secours des images. « On ne peut aborder l'étude de la géomé-
» trie analytique en partant directement de simples
» axiomes et définitions. Il faut, avant de commencer
» à faire usage de l'analyse, apprendre, par une géo-
» métrie synthétique, par une vue immédiate, quelles
» sont les propriétés des lignes et des angles. Toutes
» ces propositions synthétiques une fois connues, on
» peut en déduire d'autres algébriquement; mais
» c'est seulement grâce à un double acte intuitif im-
» médiat : *premièrement*, lorsqu'on traduit l'énoncé
» géométrique en formules algébriques ; *secondement*,
» lorsqu'on substitue au résultat algébrique, s'il n'est
» pas purement quantitatif, sa signification géomé-
» trique. La solution de toute proposition, en géomé-
» trie analytique, n'est pas autre chose qu'une règle
» destinée à nous guider lorsque, par un nouvel

» usage de nos yeux ou de notre imagination, nous
» voulons construire les nouvelles lignes que doit
» nous fournir l'interprétation du résultat. L'analyse
» ne nous permet pas de nous dispenser des construc-
» tions synthétiques ; elle sert simplement à nous
» guider dans ces constructions, et elle nous dispense
» ainsi plus ou moins complétement de cette sorte de
» tact qu'exige la découverte des solutions géomé-
» triques (1). »

Nous ajouterons que les quantités négatives et les
quantités imaginaires, qui ont fait si longtemps le
désespoir des logiciens , ont reçu une interprétation
géométrique féconde en résultats nouveaux (2).

Pour ce qui est de la géométrie imaginaire , il nous
semble que les progrès dont elle est susceptible pourront modifier la méthode de démonstration suivie jusqu'à ce jour. Nous avons vu que cette géométrie,
convenablement interprétée, considérait un certain
nombre de surfaces analogues , dont elle déterminait
d'abord les propriétés communes, puis les caractères
particuliers. La démonstration géométrique ordinaire
va de l'égal à l'égal ou de l'équivalent à l'équivalent ;
mais n'est-il pas possible de prévoir qu'un jour elle
ira du genre à l'espèce ? En s'en tenant aux résultats

---

(1) W. R. Smith , *Le Raisonnement géométrique*. — *Rev. des cours scient.*, 19 fév. 1870.

(2) Sur l'interprétation des quantités négatives, *V.* Renouvier, *Essais de critique générale*, 1er *essai*, appendice;

Sur l'interprétation des quantités imaginaires, *V.* Mourey, *La Vraie Théorie des quantités négatives et des quantités prétendues imaginaires.*

incontestables, acquis aujourd'hui, ne doit-on pas considérer le groupe des surfaces de courbure constante comme un genre, dont il faut déterminer d'abord les propriétés? Ces propriétés seront toujours prouvées par la méthode que nous avons analysée plus haut; mais, une fois démontrées du genre, ne les démontrera-t-on pas de l'espèce par un véritable syllogisme?

CHAPITRE V.

HIÉRARCHIE DES CARACTÈRES EMPIRIQUES.

Les sciences empiriques sont irréductibles aux sciences mathématiques. — On ne peut complétement substituer à la perception des qualités sensibles la connaissance de formules numériques. — Constitution des êtres naturels. — Constitution des idées générales. — Hiérarchie des caractères. — Classification. — Caractères dominateurs et caractères subordonnés.

Nous passons de la géométrie aux sciences de la nature, de l'étude des quantités à l'étude des qualités. Au premier abord, un abîme infranchissable semble séparer ces deux objets; les quantités sont rationnelles; les qualités sont sensibles. Pourtant, n'est-il pas possible de franchir l'abîme, c'est-à-dire de pousser la réduction des éléments sensibles jusqu'au mouvement géométrique ? Il nous faut d'abord résoudre cette question, si nous voulons savoir en quoi consiste la connaissance scientifique des êtres naturels.

Connaître, c'est expliquer. La science mal informée expliqua les êtres de la nature et les phénomènes dont ils sont le théâtre par l'action de forces cachées aux sens : pesanteur, chaleur, force magnétique, force électrique, affinité chimique, force vitale. Mais la science mieux informée a banni ces puissances mystérieuses, et les a reléguées parmi « ces petits lutins de facultés, dont se moquait Leibnitz, paraissant à propos comme les dieux de théâtre, ou les fées de l'Amadis, et faisant, au besoin, tout ce que voulait un philosophe, sans façon et sans outils. » Elle a prouvé, d'abord, que tous les phénomènes physiques sont corrélatifs, qu'aucune des affections de la matière « ne peut être dite la cause essentielle des autres, mais que chacune d'elles peut produire toutes les autres ou se convertir en elles (1). » Poussant plus loin la réduction, elle commence à prouver que ces phénomènes, en apparence si divers, sont, au fond, des combinaisons de mouvements, identiques pour la pensée qui en a dégagé les formules, mais irréductibles pour la sensibilité, dont les organes imposent des *formes* différentes à une même *matière*, de telle sorte que nous prenons pour des différences réelles des différences subjectives projetées par l'esprit hors de lui-même. Les lois de tous les phénomènes inorganiques, même des plus mystérieux en apparence, seraient donc les lois du mouvement. Vous faites évaporer lentement une dissolution de sel; les molécules se déposent sur le fond du vase, se surperposent les unes aux autres de façon à former un petit édifice aux arêtes géométriques, aux faces régulières; vous n'imaginerez pas, pour expliquer la formation de ce cristal, qu'une troupe d'ouvriers invisibles, obéissant à un maître invisible comme eux, a construit l'édifice cristallin, ainsi que furent construites les pyramides

(1) Grove, *De la Corrélation des forces physiques*, Introduction.

9

d'Égypte. « L'explication scientifique est que les mo-
» lécules matérielles réagissent les unes sur les autres,
» sans l'intervention d'aucun travail manuel, qu'elles
» s'attirent et se repoussent à certains points définis
» et dans certaines directions déterminées, et que la
» forme pyramidale est le résultat de ces attractions et
» de ces répulsions (1). » La physique et la chimie sont
donc des provinces de la mécanique, et la perception
sensible de tous les phénomènes de cet ordre peut
être remplacée par une formule mathématique. Ici la
réduction de la qualité à la quantité n'est pas chose
impossible, quelque difficulté qu'opposent au calcul
la petitesse infinie des masses mues et la complexité
extrême des procédés mis en œuvre pour les mouvoir.

Les lois qui régissent la matière brute s'étendent
aussi à la matière vivante. Longtemps on a cru que la
vie était l'œuvre d'une force spéciale, antagoniste des
forces inorganiques. Bichat la définissait l'ensemble des
fonctions qui résistent à la mort, et par mort il enten-
dait le triomphe des forces physiques et chimiques,
faisant rentrer dans leur domaine la portion de matière
qui leur avait un instant échappé. Mais la science a
renversé cette dernière idole de la métaphysique ; les
prétendues lois d'exception sont rentrées dans la règle
commune. Vivre est une forme de la mécanique ; nature, lois, produits, tout se ressemble dans les phénomènes de la matière brute et dans ceux de la matière

---

(1) Tyndall, *Les Forces physiques et la Pensée*. Revue des cours
scient. 1866.

vivante. Le minéral s'accroît par une juxtaposition de molécules ; l'être organisé transforme des matériaux empruntés au dehors, et se les assimile par intussusception. Cette différence est superficielle ; au fond, la science découvre une identité complète entre les phénomènes physico-chimiques et les phénomènes vitaux. Ce qui a si longtemps voilé la vérité et fait admettre, en désespoir de cause, cette prétendue force vitale, c'est la complexité des moyens employés dans la machine vivante pour produire des résultats identiques à ceux des machines inorganiques ; mais, sous ces procédés complexes, la science retrouve chaque jour les procédés plus simples de la physique et de la chimie, c'est-à-dire de la mécanique. L'animal est un composé de combinaisons d'oxygène, d'hydrogène, d'azote, de carbone, de phosphore, de fer et de quelques autres corps simples, en proportions diverses ; ces corps sont tour à tour empruntés et rendus au monde extérieur ; les combinaisons et les décompositions s'accomplissent dans le laboratoire animé comme dans le laboratoire inerte du chimiste ; les aliments introduits dans l'appareil y sont soumis à l'action de certains réactifs fournis par l'appareil lui-même, et résultant d'une combinaison chimique et d'un filtrage physique. Transformés en substances assimilables, ils pénètrent, en vertu d'une loi purement physique d'imbibition et de capillarité, dans le milieu intérieur ; ils y rencontrent des gaz inorganiques, portés là en vertu de la loi physique de la diffusion des gaz, et retenus par des condensateurs analogues à certains condensateurs minéraux ; des

réactions chimiques s'établissent entre ces substances
solides, liquides et gazeuses, et le milieu circonvoisin,
dont les produits sont éliminés de l'organisme phy-
siquement et mécaniquement. Les lois de la physique
et de la chimie suffisent donc à expliquer ces échanges
et ces métamorphoses de matière, qui sont le trait essentiel de la vie dans l'être pleinement développé.

Si maintenant nous considérons l'évolution de cet
être, il ne sera pas besoin, pour l'expliquer, de faire
intervenir une puissance mystérieuse. « Plaçons un
» grain de blé dans la terre, et soumettons-le à l'ac-
» tion de la chaleur ; en d'autres termes, maintenons
» dans un certain état d'agitation les molécules du
» grain de blé et celles de la terre qui l'entoure, car,
» vous le savez, aux yeux de la science, la chaleur est
» un mouvement vibratoire. Dans ces conditions, le
» grain et les substances qui l'entourent réagissent les
» unes sur les autres, et le résultat de cette réaction
» est un édifice moléculaire. Un bourgeon se forme ;
» ce bourgeon atteint la surface, où il se trouve exposé
» aux rayons du soleil, qu'il faut considérer aussi
» comme une sorte de mouvement vibratoire ; et de
» même que le mouvement de la chaleur, communi-
» qué aux grains et aux substances qui l'environnent,
» a fait un tout du grain et de ces substances, de même
» aussi le mouvement spécifique des rayons du soleil
» permet à la plante de se nourrir de l'acide carbo-
» nique et de la vapeur aqueuse présents dans l'air,
» de s'approprier les constituants de ces deux corps,
» pour lesquels elle a une attraction spéciale, et de

» laisser les autres reprendre leur place dans l'air.
» Ainsi, des forces sont en activité dans la racine, des
» forces sont en activité dans la tige ; les matières
» contenues dans la terre, les matières contenues dans
» l'atmosphère sont attirées vers la plante, et la plante
» grandit. Tour à tour nous voyons le bourgeon, la
» tige, l'épi, le grain dans l'épi ; car les forces qui
» sont ici en jeu agissent en un cycle qui se complète
» par la production de grains semblables à celui par
» lequel il a commencé.

» Or il n'y a rien, dans cette évolution, qui dépasse
» nécessairement le pouvoir de notre intelligence telle
» qu'elle existe. Une intelligence semblable à la nôtre,
» si elle était seulement suffisamment développée,
» pourrait suivre cette évolution entière depuis le
» commencement jusqu'à la fin. Nous n'avons besoin,
» pour cela, d'aucune faculté intellectuelle entièrement
» nouvelle. Un esprit suffisamment développé verrait
» dans cette évolution un exemple du jeu de la force
» moléculaire ; il verrait chaque molécule venir pren-
» dre la place qui lui appartient, guidée qu'elle est
» par les attractions et les répulsions spécifiques qui
» s'exercent entre elle et les autres molécules. Que
» dis-je ! étant donné le grain et ce qui l'environne,
» une intelligence semblable à la nôtre, mais suffi-
» samment développée, pourrait tracer *a priori* chaque
» pas de l'évolution ; pourrait, par l'application des
» principes mécaniques, démontrer que le cycle doit
» finir comme nous le voyons finir, par la reproduc-
» tion de formes semblables à celles par lesquelles il

» a commencé. Nous retrouvons ici une nécessité
» semblable à celle qui guide les planètes dans leur
» course autour du soleil (1). » On pourrait en dire
autant de l'évolution animale. Ensemble de molécules
aux positions définies, enveloppé par un ensemble de
molécules aux positions non moins définies, l'œuf s'accroît et se transforme, parce qu'entre lui et la matière
ambiante s'établit un courant d'actions et de réactions, duquel résulte cette machine complexe dont les
diverses pièces se sont ajoutées les unes aux autres, à
mesure qu'une modification dans les masses réagis-
santes changeait la direction ou l'intensité du courant
moléculaire. En un mot, un animal qui croît est une
formule qui se développe, formule qu'un œil assez
pénétrant pourrait lire dans l'œuf, origine de l'évolution.

La vie est donc une forme particulière de la mécanique ; mais c'en est la forme la plus complexe, celle
où les lois du mouvement s'accomplissent sous les conditions les plus variées, et où tant d'intermédiaires
sont intercalés entre le point de départ et le terme de
la métamorphose, qu'il est extrêmement difficile d'en
retrouver la suite et la liaison.

Il résulte de là que chaque être vivant aurait une formule, expression rationnelle des qualités sensibles,
et que nous serions au-dessous de la science tant que
nous ne l'aurions pas découverte. Ainsi la quantité
remplacerait la qualité, des combinaisons numériques

---

(1) Tyndall, *loc. cit.*

seraient substituées aux combinaisons des propriétés physiques, chimiques et vitales. Nous cherchons à ramener les êtres juxtaposés dans l'espace à certains types constants de caractères subordonnés les uns aux autres ; il nous faudrait les réduire à certaines relations de nombre ; nous cherchons comment des qualités s'unissent pour constituer des formes distinctes ; il nous faudrait chercher en quelles proportions des nombres se combinent pour constituer des formules différentes. Tous les êtres qui vivent sont pour nous comme les variations de plus en plus riches d'un même thème sensible, la vie, réalisée selon son degré d'intensité par des organes de plus en plus nombreux, de plus en plus spécialisés ; ils deviendraient comme les variations d'un même thème numérique, d'abord fort simples, puis de plus en plus complexes, à mesure qu'augmenteraient le nombre et la distinction des termes mis en rapport.

Avant de nous demander si cet idéal de la science naturelle n'est pas une chimère irréalisable, constatons que nous sommes loin de l'avoir atteint. Certes, les découvertes des sciences physiques et chimiques sont considérables ; nous ne nierons pas non plus que beaucoup des phénomènes organiques, rapportés naguère encore à la mystérieuse force vitale, soient rentrés sous la règle commune à la physique et à la chimie. Toutefois on doit reconnaître qu'il y a loin de là à la découverte de formules mathématiques qui seraient les expressions rationnelles de chaque espèce minérale, végétale et animale. Mais peut-on découvrir ces formules? et, en admettant que la chose fût possible, cette découverte serait-elle le degré le plus élevé de la science des êtres naturels?

Une première donnée indispensable pour établir de telles expressions mathématiques, et que l'observation ne fournira jamais, c'est le nombre exact des éléments réagissant. Un animal est un système d'appareils; un appareil, un système d'organes; un organe, un système de tissus; un tissu, un système de cellules. Si l'on suppose que ces cellules sont les éléments irréductibles de l'organisme, quel microscope assez puissant permettra de les distinguer toutes, et quel esprit assez patient pourra jamais les compter? On sait à peu près quel est le nombre des stomates semés sur les deux faces d'une feuille; mais ce ne sont là que des moyennes dont un mathématicien ne saurait se contenter pour établir des formules précises; et, s'il est déjà très-difficile d'analyser un millimètre carré d'épiderme, combien la difficulté ne deviendrait-elle pas plus grande le jour où l'on entreprendrait de décomposer de la même façon un organisme entier! Toutefois il n'y a là aucune impossibilité absolue. Mais voilà que l'élément, en apparence irréductible, se résout; dans la cellule infiniment petite, le microscope découvre des infiniment petits de second ordre : un nucléus, des granulations, un liquide où elles flottent, une membrane qui enveloppe le tout. Chacune de ces parties est elle-même composée de parties; chaque partie de partie est divisible, et ainsi de suite. Or, tandis que la pensée poursuit ainsi, sans l'atteindre jamais, l'élément irréductible, l'observation s'est arrêtée depuis longtemps : nous sommes donc en présence de l'infini. Ce n'est pas tout ; une seconde donnée aussi indispensable que la première, c'est l'évaluation précise des actions et des réactions mutuelles des éléments constitutifs du système. Or le nombre de ces éléments est infini ; le nombre des forces agissantes dont chacun est doué l'est donc aussi. Or l'action de chaque élément est modifiée par les actions de tous les autres ; l'état d'un de ces éléments, à un instant donné, résulte donc d'une infinité d'actions différentes : nous sommes, par conséquent, en présence de l'infini élevé à une puissance infinie. Établissez maintenant la formule de ce système où tout est infini, et le nombre des éléments, et le nombre des actions, et le nombre des réactions, et le nombre des combinaisons de ces influences réciproques.

La difficulté que nous venons de signaler est insurmontable ; cependant on peut toujours croire que l'idéal des sciences empiriques serait de réduire les qualités sensibles aux quantités abstraites, tout en plaçant cet idéal hors de notre prise. Montrons que si, par impossible, on opérait cette réduction complète, nous n'aurions pas encore une connaissance vraiment scientifique des êtres naturels.

Pour concevoir que des relations de quantité soient partout substituées à des relations de qualité, il faut admettre que tout est mécanisme dans la nature, et que sous ce mécanisme n'est caché aucun fait d'un autre ordre. Pour ce qui est de la nature inanimée, la chose semble vraie; là, en effet, les phénomènes élémentaires se ramènent à des combinaisons plus ou moins complexes d'éléments géométriques, et forment des séries sans fin où chaque terme est déterminé par celui qui le précède, et détermine celui qui le suit. Pourtant nous voyons déjà poindre, dans la nature inorganique, un je ne sais quoi dont les seules lois de la mécanique ne sauraient rendre compte. Ainsi les molécules d'un sel en dissolution se superposent et constituent des cristaux réguliers, quand on fait évaporer lentement le liquide. On pourrait, à la rigueur, trouver la formule mathématique de tous ces mouvements. Mais comment se fait-il que ces séries d'antécédents et de conséquents convergent vers un centre commun, concourent, chacune pour une part déterminée, à la construction de cet édifice aux formes immuables? Cette direction propre à chaque série de mouvements, cette concurrence constante de toutes les séries vers un rendez-vous unique, sont-elles le résultat des actions et des réactions moléculaires? Mais alors pourquoi, si vous précipitez l'évaporation, les molécules du sel dissous tombent-elles pêle-mêle, sans ordre, sur le fond du vase? Ce résultat, si différent du premier, est toujours l'œuvre des mêmes lois mécaniques. Ce ne sont donc pas ces lois qui déterminaient auparavant la convergence des mouvements élémentaires. Dira-t-on que du premier cas au second les circonstances ont varié, qu'en accélérant l'évaporation on a introduit un élément de discorde au milieu des actions et des réactions moléculaires? On aura raison ; mais il n'en reste pas moins vrai que des seules lois du mouvement on ne saurait déduire les formes définies qu'affecte la matière inorganique, pas plus qu'on n'en déduit la forme de nos machines industrielles. Inventer une machine, ce n'est pas simplement tirer par déduction une conséquence d'une loi donnée ; c'est faire servir les lois de la mécanique à la réalisation d'une idée préconçue. Dans les machines naturelles, l'idée qui forme le centre, et, par suite, le lien des divers éléments du système, ne résulte pas des lois mêmes de la mécanique.

Cette lacune de la théorie mécaniste de la nature est beaucoup plus apparente encore dans l'explication de la vie. On ne saurait contester, sans nier les progrès de la science, l'identité des phénomènes physico-chimiques et des phénomènes dont l'être organique, pleinement développé, est le théâtre. Mais dans cet être, ce qui n'est pas l'œuvre du pur mécanisme, c'est le milieu, le laboratoire vivant où s'accomplissent ces phénomènes. La respiration n'est qu'un échange de gaz réglé par les lois de la diffusion ; la nutrition, une série de dédoublements et de combinaisons chimiques ; l'absorption, un phénomène d'endosmose et de capillarité ; la circulation, le résultat d'une impulsion et d'une pression mécaniques ; mais, pour produire ces phénomènes physiques, chimiques et mécaniques, la nature vivante emploie des appareils et des procédés que le savant ne peut construire ni imiter. Ce qui caractérise la vie, c'est l'évolution organique de laquelle résultent les instruments de ces

phénomènes physico-chimiques, qui, loin d'être la vie,
n'en sont que les manifestations. C'est là aussi ce que
le mécanisme est impuissant à expliquer. Qu'on nous
donne le germe, dit-on, et nous en déduirons toutes
les phases de la métamorphose. Mais ce germe contient la vie qu'il s'agit précisément d'expliquer. On
suppose donc donné ce dont on prétend se passer.
Créez de toutes pièces la cellule primordiale, dites-
nous de quelles actions, de quelles réactions moléculaires elle résulte, et vous aurez gain de cause; mais,
jusque-là, nous sommes en droit de dire que l'évolution
tout entière est dirigée par cette vie qui gît obscure
et virtuelle au fond de l'embryon, et qui, excitant
peu à peu ses puissances, fait servir à son complet
achèvement les séries des mouvements moléculaires.

L'idée de vie ne se résout pas dans l'idée de mouvement. Chez l'être vivant pleinement achevé, tout
phénomène est régi par une loi physique ou chimique;
mais, en même temps, à ce mécanisme préside une
loi organique de finalité. Un organisme est un système
de moyens appropriés à une fin commune. Les cellules forment des tissus; les tissus, des organes; les
organes, des appareils; les appareils, la machine entière; mais cellules, tissus, organes et appareils ont
chacun une fonction spéciale qui concourt à la fin
totale de l'ensemble. Le système des organes et des
fonctions est clos de toutes parts, et la place et le rôle
de chaque élément y sont déterminés par la fin du
tout. Par conséquent, si la vie est l'effet des organes,
elle en est aussi la cause. Si, les moyens disparaissant,

la fin n'est plus réalisée, la fin supprimée, les moyens disparaissent. Supprimez la vie, et aussitôt ces forces mécaniques, physiques et chimiques qui naguère travaillaient de concert à un résultat commun se dissocient, et travaillent chacune pour son compte; il reste une matière et des phénomènes inorganiques, mais organes et fonctions ont disparu. Il y a donc dans l'organisme un double et constant courant du centre à la périphérie, et de la périphérie au centre; l'unité vivante produit une pluralité de parties vivantes elles-mêmes, et cette pluralité d'organes réalise et alimente l'unité centrale. La vie crée donc elle-même les moyens de sa propre réalisation. La chose sera plus évidente encore si l'on considère l'évolution organique. L'origine est une simple cellule qu'anime à peine une vie vacillante; le terme est un être complexe, aux énergies intenses et variées. Pour passer du minimum au maximum, la vie a besoin d'instruments qu'elle crée peu à peu, et qui, au fur et à mesure de leur apparition, réalisent les diverses puissances de la vie. Si une fin virtuelle encore, mais cependant efficace, ne préside pas à ces créations successives, ne coordonne pas à un but commun les organes naissants, on ne comprend pas pourquoi la même matière, soumise à l'action des mêmes forces moléculaires, régie par les mêmes lois mécaniques, produit des instruments divers, pourquoi ces instruments se réunissent en appareils, pourquoi ces appareils forment un système clos où toutes les actions particulières sont dirigées harmonieusement vers un centre

unique. Or c'est cette finalité intentionnelle, dont tout
être vivant est imprégné, que le mécanisme n'explique
pas ; il nous montre bien comment un fait est déterminé par un antécédent ; mais la vie est autre chose
que ce déterminisme rigide et en quelque sorte linéaire ; elle résulte du concours sympathique des
séries d'antécédents et de conséquents vers une fin
commune. Vouloir la réduire au mécanisme pur, c'est
la supprimer, et l'on prétend qu'on en a rendu compte !

Par conséquent, alors même qu'on finirait par découvrir la formule de tous les mouvements qui s'accomplissent dans l'être organisé, plante ou animal, il
resterait toujours à expliquer la vie qui l'anime, et
cette vie ne peut s'exprimer en nombres. Ne rêvons
donc pas une réduction complète de la qualité à la
quantité. Si loin que l'esprit puisse aller dans cette
voie, il sera toujours en présence de groupes irréductibles d'éléments inconnus ; jamais il ne rempla-
cera le concret par l'abstrait, la sensation par le
chiffre. Cherchons maintenant en quoi consiste la connaissance vraiment scientifique des êtres naturels.

Les individus apparaissent chacun dans un point
particulier de l'espace et dans un instant déterminé
du temps. Le nombre en est par conséquent indéfini ;
aussi ne pouvons-nous avoir la prétention de les connaître jamais tous. Mais la science réduit cette multiplicité à l'unité ; aux intuitions individuelles, en
nombre nécessairement illimité, elle substitue un type
unique, extrait des intuitions antérieures, et qui nous
dispense des intuitions futures. A parler en toute

rigueur, il n'y a pas dans la nature deux êtres absolument identiques ; eussent-ils d'ailleurs mêmes caractères, ils différeraient toujours par leur situation particulière. Mais dans ces êtres différant tous l'un de
l'autre, disséminés dans l'espace et se succédant dans
le temps, l'esprit découvre certaines propriétés communes et permanentes. Si j'analyse l'animal que je
viens de voir, je trouve : un poil luisant, une allure
fière, un œil ardent, des naseaux ouverts, une crinière abondante, six incisives à chaque mâchoire, six
molaires à couronne carrée, marquées par des lames
d'émail en croissant, un espace vide entre les incisives et les molaires, des membres antérieurs accolés
sans clavicule à l'omoplate, pas de doigts distincts,
mais des sabots au bout des pattes. Je rencontre plus
loin un autre animal, je l'analyse et je trouve : un poil
terne, une démarche humble, un œil sans feu, des
narines flasques, une crinière maigre, et six incisives
à chaque mâchoire, six molaires à couronne carrée,
incrustées d'émail en croissant, un vide entre les incisives et les molaires, pas de clavicule, pas de doigts,
mais un sabot à l'extrémité des membres. Malgré des
différences notables, ces deux animaux se ressemblent,
et je puis les réunir dans une pensée unique. Si, maintenant, laissant de côté les caractères que je vois varier
dans chaque individu, je conserve seulement ceux qui
ne varient pas, j'en forme une image, ou, si l'on aime
mieux, une idée, vraie de tous les individus observés
jusqu'à ce jour, et de tous les individus semblables qui
pourront exister plus tard. A l'observation impossible

d'un nombre illimité d'êtres particuliers, je supplée par une pensée unique ; je passe des intuitions individuelles, vraies seulement dans un point de l'espace et dans un instant du temps, au type général, vrai partout et toujours.

Telle est notre première démarche dans la réduction de la multiplicité phénoménale à l'unité. Mais l'esprit ne tarde pas à s'apercevoir que les éléments constitutifs des types généraux ainsi obtenus n'ont pas tous même extension ; c'est pour lui un trait de lumière et l'occasion d'un progrès nouveau. Je vois un lion et un tigre. Le corps du premier est vigoureux et trapu ; sa tête est grosse, son poil serré et d'un brun fauve ; l'extrémité de sa queue est floconneuse. Le corps du second, vigoureux aussi, est plus allongé, ses pattes sont plus courtes, son pelage n'est plus d'une couleur uniforme, mais sur un fond jaune ardent se détachent des bandes noires tirées assez régulièrement du dos vers le ventre ; çà et là, à la face interne des oreilles, à la gorge, au poitrail, des taches d'un beau blanc, et enfin, au bout de la queue, quinze anneaux noirs sur un fond jaunâtre. Voilà deux images parfaitement distinctes l'une de l'autre, et que je ne puis fondre en une seule. Le groupe de qualités sensibles qui forme la première appartient à tous les lions ; celui qui constitue la seconde est vrai de tous les tigres.

Si je pousse plus loin l'analyse, outre les propriétés que je viens de décrire, je trouve dans les deux animaux soumis à mon examen des canines très-fortes, des molaires lacérantes, une tête et un museau arrondis, une arcade zygomatique voûtée, des mâchoires courtes, une langue à papilles cornées, aux pointes dirigées en arrière, un mufle petit, des narines percées de côté, des oreilles courtes, droites et triangulaires, cinq doigts aux membres antérieurs, quatre aux membres postérieurs, tous armés d'ongles rétractiles. Voilà une collection de propriétés communes aux deux images précédemment obtenues. Nous en faisons un type de second degré, et les types de premier degré, tels que ceux du lion et du tigre pris pour exemples, et encore ceux du jaguar, du léopard, de la panthère et du chat, impliquent tous ce type plus général.

Mais l'analyse et la description de nos deux individus ne sont pas épuisées. Outre les caractères qui ont formé le type du deuxième degré, je vois en eux : six incisives et deux canines à chaque mâchoire, huit molaires tranchantes ou tuberculeuses à la mâchoire supérieure, six à la mâchoire inférieure, les maxillaires inférieurs solidement enchâssés dans la cavité glénoïde, et incapables de mouvements horizontaux, des orbites non séparées des fosses temporales, des arcades zygomatiques écartées et relevées, un estomac simple et membraneux, un intestin court, un cerveau sillonné, sans troisième lobe, et ne recouvrant pas le cervelet. Voilà une nouvelle collection de propriétés qui n'appartient en propre ni aux deux types de premier degré choisis pour point de départ, ni au type de deuxième degré que j'en ai dégagé, mais qu'on rencontre dans un nombre plus ou moins considérable de types de

deuxième degré précédemment obtenus, dans le chien
par exemple, dans le chacal, le renard, l'ours, l'hyène,
le raton, le blaireau, la loutre et le putois. Je suis
conduit à en faire un type de troisième degré, impliqué
dans un certain nombre de types du deuxième degré.

On doit aller plus avant encore. Dans les deux
formes animales prises comme exemples, outre les
propriétés énoncées jusqu'ici, je trouve : une mâchoire
supérieure fixée au crâne, sept vertèbres cervicales, des
côtes antérieures soudées à un sternum, des omoplates
non articulées, une tête articulée par deux condyles
sur la première vertèbre, un cerveau, deux hémisphères réunis par un corps calleux, une allantoïde
autour du fœtus, un appareil mammaire. Voilà une
quatrième collection de caractères qui n'appartient
pas en propre aux types desquels nous l'avons extraite,
mais qu'on retrouve, unie à des caractères différents
de ceux que nous avons rencontrés jusqu'alors, dans
l'homme, dans le singe, l'éléphant, la chauve-souris,
le phoque et la baleine. J'en fais un type de quatrième
degré qui sera impliqué dans un certain nombre de
types du troisième ordre.

Je ne puis m'arrêter encore. Dans le lion et le tigre,
je trouve : un encéphale et une moelle épinière logés
dans une boîte osseuse, un squelette intérieur, du
sang rouge, un cœur musculaire, des organes distincts des sens. Voilà une cinquième collection de
caractères, plus générale encore que toutes les collec-
tions précédemment dégagées, car je la rencontre non-
seulement dans les êtres appartenant à notre type de

quatrième degré, mais dans les poissons, les oiseaux, les reptiles et les batraciens. J'en fais un type de cinquième degré, qui sera impliqué dans un certain nombre de types du quatrième degré, malgré les différences qui les séparent.

Enfin ce lion, ce tigre digèrent, respirent, sentent, se meuvent, se reproduisent et sont sortis d'un œuf. Voilà une dernière collection de caractères, encore plus générale que les précédentes, car elle se trouve non-seulement impliquée dans notre type du cinquième degré, mais dans toute forme animale, dans un escargot, dans un helminthe, dans une méduse. Je suis ainsi conduit par les progrès de l'analyse à établir au-dessus des types obtenus jusqu'ici un type commun à tout le règne animal, qui sera impliqué dans tous les types des degrés inférieurs.

L'individu est donc, aux yeux de la science, un système de dispositions organiques formant des groupes de plus en plus généraux, subordonnés les uns aux autres. Avant que l'esprit ait découvert cette hiérarchie de caractères, l'individu, isolé dans le monde, ne pouvait être un objet pour la pensée; il nous apparaît maintenant comme un élément d'un vaste système dont les mailles enveloppent le règne animal tout entier, et comme le produit d'une alliance de qualités générales qui, en s'unissant suivant des rapports variés, constituent la diversité des formes animales. Ainsi, partis du cercle infini des individus, nous rencontrons des cercles concentriques, aux rayons de plus en plus petits, jusqu'à ce que nous parvenions enfin au centre un et indi-

visible, source inépuisable, d'où nous voyons s'écouler
en des sens divers, et par des canaux de plus en plus
ramifiés, le torrent infini des formes animales.

Si, maintenant que nous sommes parvenus au terme
infranchissable de la pensée, dans la réduction de la
multiplicité à l'unité, nous revenons de là vers le
point de départ, nous verrons comment, sur une sorte
d'étoffe uniforme, la nature elle-même détermine des
circonscriptions de plus en plus restreintes, remplies
par des dessins de plus en plus variés.

Tout animal vit, se reproduit et sent; il faut des
appareils pour réaliser ces fonctions essentielles; mais
il n'est pas nécessaire que la disposition générale des
organes indispensables à la vie soit la même chez tous
les animaux; une fin unique peut être réalisée par des
systèmes différents de moyens. Aussi voyons-nous
que toutes les formes animales n'ont pas été coulées
dans le même moule; on a trouvé dans la nature
quatre ou cinq grands plans de structure différents l'un
de l'autre; tantôt les parties du corps sont paires et
disposées symétriquement des deux côtés d'un plan
médian longitudinal; tantôt le corps, toujours symé-
trique et binaire, est composé de parties qui se ré-
pètent, de tronçons homologues; tantôt, au lieu de
suivre une ligne droite, il se contourne en spirale;
tantôt les divers organes rayonnent plus ou moins régulièrement autour d'un centre; tantôt enfin ils sont
unis sans symétrie et sans ordre apparent. Chacun
de ces plans généraux de structure, auxquels corres-

pondent des dispositions différentes du système nerveux, caractérise un *embranchement*.

Un plan de structure posé, il peut être poursuivi de façons différentes. Ainsi le rayonnement des organes est la marque caractéristique de l'embranchement des radiaires. Mais la manière dont l'idée de rayonnement, fondamentale dans leur structure, est réalisée en acte dans tous les animaux qui le présentent, est variable. Chez les uns, on trouve dans le corps une cavité partagée en compartiments par des cloisons rayonnantes ; chez d'autres, le corps est une masse compacte sillonnée par des canaux qui vont isolément du centre à la périphérie ; chez d'autres enfin, une enveloppe rigide entoure une cavité où des organes distincts sont disposés en rayons plus moins réguliers. Voilà donc trois réalisations distinctes d'un plan commun ; chacune de ces combinaisons des éléments de structure caractérise une *classe*. On pourra, suivant la complexité ou la simplicité de ces combinaisons, ranger ces classes dans un ordre hiérarchique, comme on a pu grouper hiérarchiquement les grands embranchements eux-mêmes d'après la supériorité et l'infériorité des plans qui les caractérisent ; mais, au point de vue où nous sommes placés ici, les classes sont des divisions parallèles et de même importance, subordonnées immédiatement aux embranchements.

Étant donnée une collection particulière de moyens destinés à réaliser un plan général de structure, on conçoit que l'agencement en soit plus ou moins compliqué. Ainsi l'anatomie découvre dans la tortue et le

serpent les mêmes éléments organiques ; aussi ces
animaux appartiennent-ils tous deux à la classe des
reptiles ; mais de ces éléments organiques communs,
les uns sont rudimentaires chez le serpent, et exagé-
rés chez la tortue, les autres sont soudés et coales-
cents chez la tortue, et multipliés chez le serpent. Il y
a donc lieu d'établir dans les classes des subdivisions
caractérisées par le degré de complication des éléments de structure. Ces subdivisions seront les *ordres*.

Mais de cette complication d'organes, propre à
chaque ordre, peuvent résulter;des formes différentes.
Ainsi, dans l'ordre des chéloniens, la forme des tortues de mer ne saurait être confondue avec celle des
tortues d'eau douce. La carapace des premières est dé-
primée et cordiforme ; celle des secondes est bombée
et à peu près elliptique. On doit donc établir parfois,
dans les ordres, des subdivisions caractérisées par la
forme qu'affecte la réunion des éléments anatomiques.
Ces subdivisions sont les *familles*.

Considérons maintenant plusieurs animaux de
même forme ; le détail des parties ne se ressemble pas
chez tous. Ainsi les rolliers et les corbeaux, de la famille des conirostres, ont, les premiers, un bec com-
primé vers le bout, et des narines nues, les seconds,
un bec aplati sur les côtés et des narines couvertes de
plumes. On est donc conduit à diviser les familles en
groupes de moindre importance, caractérisés par les
détails dans la structure des organes. Ce sont les *genres*.

Enfin, si nous examinons plusieurs individus d'un
même genre, nous verrons qu'ils diffèrent entre eux

par la stature, la proportion des parties, la couleur, l'ornementation. Ces différences caractérisent, dans chaque genre, des groupes de moindre importance, les *espèces*. Là s'arrêtent les subdivisions progressives du règne animal; l'espèce est indivisible.

Ainsi nous voyons, d'une part, dans l'individu, une série de formules organiques, de moins en moins compréhensives, mais de plus en plus générales, comme emboîtées les unes dans les autres, et, d'autre part, une formule commune à tout le règne animal, engendrant par son alliance, avec des groupes distincts de propriétés nouvelles, des formules plus compréhensives, mais moins générales, dont chacune, à son tour, et par un procédé semblable, donne naissance à des formules d'une compréhension de plus en plus riche, mais d'une extension de plus en plus restreinte. Par conséquent, connaissant les caractères spécifiques d'un individu, on peut dire à quel genre, à quelle famille, à quel ordre, à quelle classe, à quel embranchement il appartient; mais la réciproque n'est pas vraie : connaissant l'embranchement d'un individu, on ne saurait dire de quelle classe, de quel ordre, de quelle famille, de quel genre, de quelle espèce il est le représentant. Les caractères des groupes inférieurs sont subordonnés aux caractères des groupes supérieurs ; aussi la présence des premiers dénote-t-elle l'existence nécessaire des seconds. Mais les caractères des groupes supérieurs dominent et commandent les caractères, non pas d'un seul, mais de plusieurs groupes inférieurs. Aussi la présence des premiers laisse-t-elle

le choix entre un certain nombre d'organisations subordonnées. Par exemple, tout mammifère est vertébré ; mais tout vertébré peut être mammifère, oiseau,
reptile, batracien ou poisson.

On s'expliquera aisément et la variété des formes
animales, et les rapports étroits des groupes inférieurs
aux groupes supérieurs, et les relations plus larges
des divisions générales aux subdivisions moins générales, si l'on comprend ce qu'est la vie. La vie est une
fonction totale réalisée par une pluralité de fonctions
partielles. Considérons l'une de celles-ci, la respiration
par exemple. C'est essentiellement un échange de
gaz entre le milieu extérieur et le milieu intérieur.
Pour que ce but soit atteint, il faut que l'organe re-
çoive par l'une de ses faces le gaz extérieur, libre ou
dissous dans un véhicule, et par l'autre le gaz intérieur dissous ou fixé dans le sang, et que l'écran qui
sépare les deux fluides élastiques soit perméable à l'un
et à l'autre. Ces conditions pourront être réalisées de
plusieurs façons : tantôt l'écran perméable sera la surface tégumentaire elle-même, baignée au dehors par
l'air atmosphérique ou par un liquide chargé d'oxygène,
et en dedans par le sang chargé d'acide carbonique ;
tantôt ce seront des appendices saillants, remplis du
fluide nourricier, et recevant à l'extérieur le contact
du fluide respirable ; tantôt enfin ce seront des poches
logées dans le corps, dans les parois desquelles le
sang circule par d'étroits canaux, et qui reçoivent l'air
dans leur intérieur. Voilà trois dispositions générales
des organes respiratoires ; toutes les trois réalisent la

même fonction ; toutes les trois permettent l'échange
de l'oxygène et de l'acide carbonique. Mais chacune
de ces formes essentielles peut recevoir des modifications secondaires et des perfectionnements de détail.
Ainsi, dans la respiration branchiale, les lamelles sail-
lantes se subdivisent, se multiplient; au lieu de rester
sans abri, flottant au dehors, elles se logent sous les
bords soudés d'un manteau ou sous les lames protec-
trices d'un opercule; dans la respiration pulmonaire,
les parois gorgées de sang s'étalent, se replient sur
elles-mêmes, se boursouflent, et augmentent ainsi la
surface par laquelle s'opère l'échange des gaz.

Une fin unique peut donc être réalisée par des systèmes variés et plus ou moins compliqués de moyens.
La diversité des formes animales est une conséquence
de la flexibilité du rapport qui unit les moyens à la fin.
On comprend donc que si toutes les espèces du règne
animal ont une même fonction générale, celle-ci
peut être poursuivie dans chacune d'elles par des voies
différentes.

Mais comment se fait-il que certains caractères
soient subordonnés, et que d'autres soient dominateurs ? Si l'organisme animal était un système unique
d'éléments mécaniques, l'un d'eux ne pourrait pas modifier les autres ; la fin seule exerce une influence efficace sur l'agencement et la disposition des moyens.
Mais, dans cet organisme, les moyens mis en œuvre
sont eux-mêmes des organismes distincts ; la vie est
une fin à laquelle concourent plusieurs fins secondaires. Aussi que cette fin totale soit modifiée, et aus-

sitôt les fins secondaires le sont aussi, et aussi les moyens employés à réaliser chacune d'elles. La fin essentielle de l'animal, c'est la sensibilité et le mouvement spontané. Les plantes vivent et se reproduisent, a dit Linné; les animaux vivent, se reproduisent, se meuvent et sentent. Il résulte de là que, dans l'animal, toutes les fonctions n'ont pas même importance et même dignité; la plus élevée commandera donc naturellement aux autres, puisqu'elle en est la fin commune. Or le caractère des fonctions ou des fins détermine le caractère des organes ou des moyens. Aussi les appareils des fonctions secondaires sont-ils subordonnés aux appareils de la fonction principale. Voilà pourquoi, dans la classification naturelle de Cuvier, les caractères dominateurs les plus généraux sont tirés du système organique qui préside à la sensibilité et au mouvement; voilà pourquoi toute modification de ce système entraîne une modification dans les systèmes organiques dont les fonctions propres ne sont pas la fin essentielle de l'animal. Si l'on veut bien se rappeler maintenant qu'une certaine latitude est toujours laissée dans la mise en œuvre et dans la combinaison des moyens destinés à réaliser une fin proposée, on comprendra qu'une modification dans l'appareil dominateur laisse le choix entre plusieurs modifications des appareils subordonnés, mais qu'une modification dans un des appareils subordonnés est la conséquence, et, par suite, l'indice infaillible d'une modification dans l'appareil dominateur. La variété des formes organiques et la subordination des caractères résultent donc de la nature même de l'organisme en général.

On voit par tout ce qui précède que la connaissance scientifique des individus implique la connaissance du règne entier auquel ils appartiennent. Isolé dans l'espace et dans le temps, l'individu est un objet pour la sensibilité et non pour la pensée. Nous le décomposons, et nous trouvons en lui des caractères de plus en plus généraux que nous superposons hiérarchiquement les uns aux autres. A mesure que nous gravissons ces degrés, notre horizon s'étend, et enfin, parvenus au faîte, nous contemplons dans son ensemble la réalité minérale, ou végétale, ou animale. De là nous voyons les éléments constitutifs des êtres se détacher en quelque sorte de chacun des degrés inférieurs, s'unir, se combiner, et converger vers un centre commun, et nous assistons ainsi à la composition des formes individuelles. Nous sommes vraiment alors en possession de la science; les éléments phénoménaux, multiplicité indéfinie, espace, temps, ont disparu. Au nombre illimité et insaisissable des individus, est substitué un nombre fini de types généraux, unis dans une même pensée par les rapports les plus intimes; nos cadres sont ouverts à tous les êtres actuellement existants; et enfin, grâce à la subordination des caractères, nous devançons le temps et prédisons à coup sûr que tel caractère sera toujours accompagné de tel autre caractère.

CHAPITRE VI.

PRINCIPE A PRIORI DE LA CLASSIFICATION.

Exigences de la pensée. — Relations universelles et nécessaires de nos idées. — Principe directeur de la connaissance. — Objectivité de ce principe. — L'ordre dans la succession; loi mécanique. — L'ordre dans la coexistence; loi dynamique.— Application de cette loi à la science des êtres naturels.

Toute classification implique une double induction. Nous n'avons pas analysé tous les êtres actuellement existants dans l'espace, ni tous ceux qui pourront exister plus tard ; pourtant nous ne laissons pas de croire que nos cadres s'étendent à toute la réalité présente et à toute la réalité future ; nous concluons donc du particulier à l'universel, du présent à l'avenir. Supprimez cette double induction, et la classification perd toute valeur scientifique ; elle n'est plus que le résumé et la coordination de nos expériences passées. Or, puisque la connaissance des individus est obtenue par la classification, il importe au plus haut degré de se demander ce que vaut cette distribution hiérarchique des caractères généraux extraits des individus, et de savoir si nous sommes vraiment autorisés à croire à l'universalité des rapports et des types qui constituent le fond commun des êtres de la nature.

L'auteur de la classification la plus naturelle du règne animal, Cuvier, a dit : « L'histoire naturelle a aussi un principe rationnel qui lui est particulier, et qu'elle emploie avec avantage en beaucoup d'occasions : c'est celui des conditions d'existence, vulgairement nommé des causes finales. Comme rien ne peut exister s'il ne réunit les conditions qui rendent son existence possible, les différentes parties de chaque être doivent être coordonnées de manière à rendre possible l'être total, non-seulement en lui-même, mais dans ses rapports avec ce qui l'entoure, et l'analyse de ces conditions conduit souvent à des lois générales, tout aussi démontrées que celles qui dérivent du calcul ou de l'expérience (1).» Ce principe est vrai ; mais est-il une suggestion de l'expérience ou une révélation de la raison? on comprend tout l'intérêt de cette question. Si l'idée qui nous a guidés dans la longue et laborieuse construction des cadres du règne minéral, ou du règne végétal, ou du règne animal, est le fruit de l'expérience, ces édifices sont bâtis sur une base trop étroite pour pouvoir en quelque sorte couvrir l'univers entier, trop fragile pour que nous soyons assurés que, du soir au lendemain, ils ne seront pas renversés.

Nous pensons, c'est là un fait incontestable. Penser, c'est juger ; juger, c'est affirmer ; affirmer, c'est unir des idées. Avant de nous demander si cette pensée correspond à un objet réel, il nous faut en rechercher les conditions. On a soutenu souvent que tout était

(1) *Règne animal,* Introduction.

phénomène dans l'esprit ; il n'en saurait être ainsi ; le
caractère essentiel du phénomène, c'est d'apparaître et
de disparaître. Si donc tout était phénomène en nous,
les éléments de la pensée, idées ou représentations,
de quelque nom qu'on les appelle, naîtraient et mour-
raient aussitôt pour faire place à d'autres apparitions
non moins passagères. A chaque instant la pensée brillerait donc d'un éclat soudain mais éphémère, comme
ces phares qui s'allument et s'éteignent de minute en
minute dans l'obscurité des nuits. L'homme borné à
un présent insaisissable serait alors sans souvenir et
sans prévision. On ne peut pas dire qu'un pareil état
mental serait la folie, car la folie, cette anarchie du
dedans, suppose une pluralité consciente d'éléments
incohérents, et, dans l'hypothèse, nous n'aurions
conscience que d'un seul élément à la fois : ce serait
quelque chose d'inconcevable et d'inqualifiable, une
sorte de nihilisme intellectuel. Le jugement le plus
simple est une synthèse de deux instants successifs,
de deux idées, du sujet et de l'attribut. Mais si nous
nous bornions à former des jugements isolés l'un
de l'autre, la pensée mourrait après chaque couple
d'idées, pour renaître avec le premier terme du couple
suivant, et cet état ne différerait guère du précédent ;
la lumière brillerait un peu plus longtemps ; mais ses
subites clartés s'éteindraient toujours à de courtes
périodes. La pensée suppose un passage continu entre
tous les instants de notre vie, une liaison non interrompue entre toutes nos idées. Nos jugements ne
sont pas isolés ; mais ils forment des séries dont

chaque terme est uni à celui qui le précède et à celui
qui le suit ; toute solution de continuité dans cette
chaîne partagerait notre existence en deux tronçons
qu'on ne saurait réunir et souder.

Mais ces relations qui font un tout de nos divers éléments de pensée peuvent-elles être capricieuses et arbitraires ? On doit distinguer dans l'esprit humain deux
états possibles : la santé et la maladie. Quand l'esprit
est malade, les éléments conscients sont toujours unis
entre eux ; leur dissociation complète serait la mort ;
mais les rapports qui les unissent sont éphémères et
fortuits, et les combinaisons qui en résultent sont in-
cohérentes. Un fou dira aujourd'hui que deux et deux
font cinq, qu'il porte une tête d'éléphant sur un corps
d'homme ; le lendemain, que deux et deux font dix,
que sa tête est celle d'un cheval ; son esprit est plein
d'éléments anarchiques qui s'accouplent au hasard,
et divorcent de même. Mais les expressions que nous
venons d'employer supposent un autre état mental où
tout est ordonné par des rapports immuables. Alors
même que la pensée vagabonde, elle ne court pas
tout à fait à l'aventure ; quand nous bâtissons nos châ-
teaux en Espagne, nous faisons comme les architectes
de tous les pays : nous en plaçons toujours les fondements en bas et la toiture en haut. Des règles invariables président toujours à l'union des éléments de
nos pensées. Les relations de nos idées sont assez diverses : tantôt c'est un effet que nous lions à sa cause,
une qualité que nous rattachons à une substance, un
moyen que nous rapportons à sa fin ; tantôt c'est un

tout complexe que nous décomposons en ses parties,
un total que nous résolvons en unités. Mais, quelque
différents qu'ils soient les uns des autres, tous ces
rapports ont deux caractères communs et indestruc-
tibles : l'universalité et la nécessité. L'homme endormi
que l'on transporterait dans un pays inconnu se croi-
rait fou à son réveil. Un rapport de succession dans
le temps unirait bien ses perceptions nouvelles à ses
anciennes représentations ; mais la pensée réclame
autre chose ; si la raison de cette succession ne lui
apparaît pas, elle est déroutée et devient, par suite,
incohérente. Mais expliquez à cet homme que vous
l'avez pris endormi, que vous l'avez transporté à son
insu là où il se trouve, énumérez-lui les lieux qu'il a
traversés sans le savoir, et son esprit, saisissant un
lien rationnel entre ses états successifs, reprendra
son assiette ordinaire. Nous aussi, nous nous éveille-
rions à chaque instant en pays nouveau, si les rapports de nos idées étaient particuliers et fortuits. Ici,
en cet instant, telle relation unit en nous deux idées ;
mais si là, et dans cet autre instant, les mêmes idées
s'offrant à moi, le même rapport ne les unit plus, la
trame de ma pensée est brusquement interrompue ; je
ne me reconnais plus. Si à cent lieues d'ici, et dans
vingt ans, les rapports qui lient aujourd'hui et dans
ce lieu mes diverses idées changent sans raison, voilà
une nouvelle solution de continuité dans la série de
mes pensées, voilà une vie nouvelle qui commence.
Le fou change en quelque sorte d'existence à chaque
instant ; l'homme pensant suit sans interruption la

même existence jusqu'au terme suprême. La chose n'est possible que si nous sommes assurés qu'en tout temps, en tout lieu, les mêmes rapports uniront en nous les mêmes éléments de pensée. Supprimez cette garantie, et l'esprit n'aura plus devant lui qu'un mobile tableau, aux images changeantes ; ce sera pour lui l'hébétement, la folie.

L'universalité des liaisons qui unissent nos idées en implique la nécessité. Une liaison nécessaire est celle qui ne peut pas ne pas être, quand les termes qu'elle relie sont mis en présence. Il est aisé de voir que cette nécessité est la seule garantie possible de l'universalité indispensable à la pensée. Je pense, en ce moment, que la somme des trois angles d'un triangle rectiligne est égale à deux angles droits ; si, dans un instant, dans un an, dans dix ans, ce rapport peut changer, dans un instant, dans un an, dans dix ans, le fil de mes pensées sera brisé. Mais, en même temps que je pense dans le présent, je crois à la possibilité future de la pensée. Enlevez-moi cette sécurité pour l'avenir, et, semblable à la brute, je suis confiné tout entier dans les impressions actuelles. Il me reste, il est vrai, le souvenir, mais que me fait le souvenir sans la prévision ? que vaut le passé, si je n'en puis déduire l'avenir ? quel fruit me revient-il de l'expérience accumulée des âges antérieurs, si d'un instant à l'autre l'ordre de mes pensées peut être brusquement interrompu ? L'esprit, pour penser, veut des gages de stabilité ; il n'en aura pas si des rapports nécessaires n'enchaînent pas nos idées.

La pensée consiste donc à ajouter aux représentations phénoménales des liaisons universelles et nécessaires. Comment se fait cette addition ? Par l'expérience
elle-même, répond le sensualisme. Ce n'est pas le lieu
de rapporter et d'examiner en détail les arguments
de Locke et de ses successeurs contre l'*innéité* de certaines idées. Mais, si le sensualisme triomphe aisément
de quelques exagérations de la doctrine opposée, il ne
peut, ce semble, sortir du dilemme suivant : ou bien
les rapports de nos idées sont particuliers et fortuits,
et alors la pensée est impossible ; ou bien ils sont universels et nécessaires, et alors ils ne viennent pas de
l'expérience. Dans le premier cas, à quoi bon se tor-
turer l'esprit à chercher l'explication d'une pensée
qui n'existe pas ! vivons, mais ne pensons pas. Dans le
second, les efforts du raisonnement le plus subtil ne
feront jamais que l'immensité et l'éternité, indéfiniment étendues, rentrant en quelque sorte en elles-
mêmes, se concentrent dans le point où nous sommes
et dans l'instant où nous vivons.

On espère échapper à ces conséquences en invo-
quant les effets de l'habitude, ou bien encore en ti-
rant de l'expérience passée un principe général que
nous appliquerions par anticipation aux expériences
futures ; mais on ne réussit pas à transformer cette
garantie expérimentale en garantie rationnelle. L'habitude de voir unis deux phénomènes nous fait attendre le retour du second quand le premier est donné ;
l'habitude de voir tous les phénomènes liés entre eux
par des relations que rien n'a troublées jusqu'à ce jour

nous fait croire qu'il en sera toujours ainsi ; mais ce sont là des présomptions, et non des assurances certaines. Pourquoi demain les phénomènes associés jusqu'ici ne se dissocieraient-ils pas? pourquoi demain ne se produirait-il pas des phénomènes réfractaires à la règle des phénomènes passés? Réduite à elle-même, de quelque façon qu'on en combine les résultats, l'expérience est impuissante à franchir les limites de l'expérience; un immense inconnu l'entoure dans l'espace et s'ouvre devant elle dans le temps.

Il faut donc admettre que l'esprit ne reçoit pas la pensée toute faite, mais qu'il en fournit un des éléments constitutifs. Le principe directeur de toute connaissance se présente à nous sous différents aspects, selon les matières diverses auxquelles il s'applique ; mais, dégagé de cette variété extérieure et d'emprunt, on peut le formuler ainsi : il existe entre tous les éléments de la pensée des rapports universels et nécessaires. Qu'on l'appelle *principe de la raison suffisante,* avec Leibnitz, *principe de l'universelle intelligibilité,* avec un philosophe contemporain (1), c'est la même chose sous des noms différents. La raison suffisante d'une chose, c'est un rapport invariable qui l'unit à une autre ; ce qui est partout et toujours intelligible, ce ne sont pas les phénomènes, mais les relations universelles et nécessaires qui en font ce système multiple et un tout à la fois, que l'esprit peut parcourir

(1) A. Fouillée, *La Philos. de Platon,* 3ᵉ part., liv. I, ch. I.

en tous sens sans s'égarer jamais, parce qu'il suit des voies établies par lui-même.

C'est maintenant une question de la plus haute importance que de savoir si l'ordre des choses correspond à l'ordre de nos pensées, si la suite des phénomènes est réglée, comme la suite de nos idées, par une loi universelle et nécessaire. Il serait inutile de consulter l'expérience, elle ne saurait répondre. Qu'elle nous ait jusqu'ici montré des liaisons régulières entre les phénomènes, qu'en conclure? Sommes-nous présents à tout l'espace et à tout le temps? Impuissant à résoudre expérimentalement une question qui semble du ressort de l'expérience, l'esprit est réduit aux hypothèses. Ou bien nous ne savons pas si le monde existe, la pensée tout entière est notre œuvre, et ce que nous prenons pour une réalité objective n'est que la projection de nos conceptions subjectives hors de nous-mêmes; ou bien le monde existe, mais nous n'en connaissons pas la loi, et l'on peut supposer alors que les phénomènes extérieurs suivent un autre cours que nos pensées; ou bien le monde existe, et l'enchaînement des phénomènes correspond à l'enchaînement de nos idées. Examinons successivement ces trois réponses.

Il faut avouer que la première semble amenée et justifiée par tout ce qui précède. Nous connaissons les exigences de la pensée; elle veut de l'ordre, de la régularité, de la stabilité. Mais, pour qu'elle soit satisfaite, est-il besoin d'un monde sensible? Ne se contenterait-elle pas aussi bien d'un monde purement algébrique où les phénomènes seraient remplacés par des symboles abstraits, unis d'une manière invariable par des rapports déterminés? Ne se contenterait-elle même pas d'un monde possible, à la condition que tout y fût régulièrement ordonné? Réalité ou rêve, peu lui importe, si le rêve est bien réglé. Que la pensée ait pour objet un monde sensible, un monde géométrique et algébrique, ou, plus simplement encore, un monde possible, on reconnaîtra qu'elle n'est pas une absolue unité, mais l'unité d'une pluralité réelle ou imaginaire. Dans tout jugement, il faut distinguer deux choses: les termes mis en rapport, et le rapport qui les unit; supprimez les termes, le rapport persiste, mais à l'état de pure puissance. Dans la pensée en acte, la multiplicité est aussi indispensable que l'unité. Que la pensée n'exige rien au-delà d'un monde simplement possible, nous l'accordons volontiers; mais nous demandons d'où vient cette pluralité d'éléments imaginaires à laquelle l'esprit applique ses formes a priori. La fera-t-on dériver de la pensée elle-même? mais alors on demandera comment l'unité, avec ses seules ressources, engendre la pluralité. Le possible, c'est le réel dont nous projetons les lignes au-delà de notre expérience. On ne saurait donc expliquer cette pluralité d'éléments inhérents à toute pensée, qu'on la suppose réelle ou imaginaire, sans un autre facteur que l'esprit lui-même. D'ailleurs il est en nous d'autres exigences que celles de la raison. Si celle-ci se contente de pures possibilités, la sensibilité veut des réalités. Il n'y a pas de différence pour

la pensée entre la formule chimique d'un vin délicat
et ce vin lui-même; mais la formule ne suffit pas au
sens du goût; les symboles abstraits ne déterminent
aucun plaisir. Si la raison est idéaliste, la sensibilité est réaliste, et nous ne saurions, sans courir un
grand danger, sacrifier la seconde à la première.

Une seconde hypothèse consiste à admettre l'existence d'un monde réel, sur la foi de la sensation, mais à
nier que nous en puissions connaître les lois. Le monde
existe, puisqu'il fait impression sur nous ; c'est de lui
que viennent nos plaisirs, nos douleurs et nos représentations ; mais, comme les lois de la pensée sont
l'œuvre de l'esprit, nous ne sommes pas assurés que
les combinaisons formées par nous avec les représentations sensibles correspondent aux combinaisons des
choses ; peut-être le monde est-il anarchique, tandis
que la pensée est ordonnée; peut-être obéit-il à une
loi complétement hétérogène à la loi de notre entendement. Une pareille hypothèse, loin de concilier les exigences de la sensibilité avec celles de la raison, n'aboutirait qu'à des contradictions manifestes. On part d'un
double fait : la sensation, et la nécessité de principes *a*
priori dans la pensée humaine ; on cherche à combiner
ces données, et, en fin de compte, on étend un voile im-
pénétrable sur la réalité objective dont on affirme l'existence. Considérons d'abord le cas d'un monde anarchique. Une telle réalité ne saurait entrer dans la pensée ;
la raison établit entre tous les éléments qui lui sont pré-
sentés des rapports invariables ; d'après l'hypothèse,
les phénomènes extérieurs se produiraient, se succé-

deraient au hasard, et pourtant ils seraient les objets
des représentations combinées par la pensée. Comment
celle-ci peut-elle coordonner des éléments désordon-
nés ? Le désordre cesse-t-il dans le monde aussitôt qu'apparaît et intervient la raison humaine ? alors le monde
cesse d'être anarchique, mais il faut expliquer comment est possible l'action de ce démiurge intellectuel
sur une matière extérieure à lui, et par elle-même re-
belle à toute loi. Le désordre persiste-t-il dans le monde
lors même que nos représentations forment des séries
régulières ? alors ce que nous prenons pour réalité
n'est qu'un rêve, et derrière le rideau sans lacunes de
nos représentations se cache à tout jamais la réalité
véritable. Mais s'il en est ainsi, ou bien les éléments
de nos pensées ne sont pas fournis par le monde extérieur, et l'on retombe dans l'hypothèse précédemment rejetée ; ou bien, si nos représentations sont
l'œuvre des choses, ces images désordonnées, s'imposant à nous, doivent rompre la trame de nos pensées.
Considérons maintenant le cas d'un monde ordonné,
mais dont l'ordre différerait de celui de la pensée ; les
conséquences seront toujours les mêmes. Si l'univers
suit un cours, et la pensée un autre, jamais la suite de
nos pensées ne rencontrera celle de nos représentations. D'où viendront alors les éléments multiples
qu'unit l'entendement ? Si l'on suppose qu'elles se
rencontrent toutes deux, un conflit en résultera ; le
monde poursuivra sans doute son cours, car l'esprit
ne saurait l'arrêter, mais la pensée sera bouleversée,
anéantie. Par conséquent, on ne saurait admettre que

nous sommes assurés de l'existence du monde, mais
que nous en ignorons les lois.

On est donc conduit par élimination à une troisième
hypothèse, qui consiste à admettre que l'ordre des
phénomènes est semblable à l'ordre des idées, qu'à
une pensée une correspond un monde un, que si l'esprit est fait pour penser la réalité, la réalité est faite
pour être pensée. On ne saurait démontrer cette thèse;
mais n'est-elle pas suffisamment justifiée par l'impuissance ou les contradictions des thèses opposées? Toute
science débute par un acte de foi. Je crois à la réalité
des phénomènes physiques, je crois à la réalité de la
vie, je crois à la vérité des axiomes mathématiques, je
crois à l'existence passée de l'humanité, je crois à la loi
morale. Je démontre les lois de l'univers, je démontre
les théorèmes de l'arithmétique et de la géométrie, je
démontre le progrès du monde moral, je démontre la
nécessité de la justice; mais, physicien, géomètre, his-
torien, moraliste, je pars d'un fait indémontrable.
Refuserait-on à la philosophie le bénéfice accordé aux
autres sciences, sous prétexte qu'elle est la science
universelle, et, qu'à ce titre, elle doit pouvoir se passer
de tout postulat? Mais on reconnaîtra du moins que
l'objet à expliquer doit être donné avant l'explication.
Partant du fait, on pourra peut-être en découvrir la
raison; le cercle vicieux sera manifeste; mais l'esprit,
qui n'est pas l'auteur des choses, peut-il s'en affran-
chir? Le grand problème philosophique est la découverte du premier principe; le point de départ de la
spéculation doit être pris dans la réalité immédiate-

ment connue; le principe trouvé, on en tirera la raison
de la réalité ; mais on n'en sera pas moins parti d'une
réalité dont l'existence était acceptée et non pas démontrée. Que faire? Se taire éternellement, ou se
résigner au postulat. Depuis Platon, l'esprit humain a
fait son choix.

Nous croyons donc que l'ordre est en nous, et qu'il
est aussi hors de nous, que des rapports universels
et permanents unissent les éléments multiples de la
pensée et de la réalité, et que le principe directeur de
notre entendement dirige aussi l'univers. Mais cet
ordre, qui consiste essentiellement en liaisons invariables, peut offrir différents aspects, selon les
matières diverses où il est réalisé. Or la nature nous
présente une double matière : dans le temps, des
phénomènes successifs ; dans l'espace, des phénomènes simultanés. Qu'est-ce que l'ordre dans la succession? qu'est-ce que l'ordre dans la simultanéité ?
On pourrait d'abord répondre que l'ordre dans la
succession est la succession elle-même. Puisqu'une
nécessité invincible de l'esprit et des choses nous force
à placer tout événement à la suite d'événements antérieurs, la série s'ordonne en quelque sorte sponta-
nément ; les faits sont régulièrement disposés dans le
temps, par cela seul qu'ils apparaissent l'un après
l'autre. La réponse serait complète si aucun phénomène ne revenait sur la scène après l'avoir quittée.
Aux premiers jours de la vie, tout est nouveau pour
nous, mais bientôt nous revoyons ce que nous avons

déjà vu ; la loi du temps, qui ne permet pas à deux événements d'une même série d'être simultanés, ne suffit plus à régler cette réapparition des phénomènes. Que deviendra l'ordre si tout phénomène peut se produire indifféremment après tout phénomène ? La pensée, dont nous connaissons les voies, se perdra dans ces successions fortuites et capricieuses. A la succession doit donc s'ajouter une loi de succession. Non-seulement tout phénomène en précède ou en suit un autre, mais il en est encore l'antécédent ou le conséquent. Tant que nous demeurons dans la simple succession, nous voyons les faits se produire l'un après l'autre ; mais rien ne nous garantit que demain cet ordre d'apparition ne sera pas changé ; lorsqu'à la succession nous avons ajouté la loi de succession, chaque événement a une place déterminée dans le temps ; nous n'avons plus affaire à une simple suite de phénomènes successifs, mais à une série de couples dont les termes ne sauraient être disjoints sans que l'ordre de la nature et de la pensée fût troublé ; un événement qui surgirait isolé, sans antécédent, dans cette série continue, ne saurait pénétrer, sans la rompre, dans la trame de la pensée ; il serait un élément d'anarchie au dehors et de folie au dedans.

Tel est l'ordre rigide de la succession. Quel est maintenant l'ordre dans la simultanéité ? La nature, développée dans l'espace, est constituée par une infinité de ces séries linéaires dont nous venons de déterminer l'enchaînement régulier ; la perception, même la plus limitée, nous en découvre toujours un certain nombre en même temps. Pour entrer dans la pensée sans y apporter le désordre, les divers éléments de cet ensemble doivent être ordonnés entre eux. La question est donc de savoir quels rapports peuvent unir des séries coexistantes. A ce sujet, trois hypothèses sont possibles : ou bien les séries linéaires des antécédents et des conséquents suivent, en se développant, des directions obliques et croisées; ou bien elles suivent des directions parallèles, ou bien elles rayonnent vers un centre commun.

La première hypothèse a pour conséquence la négation de la pensée. Si les séries phénoménales se croisent, se mêlent, se confondent, elles forment un réseau inextricable, dont l'esprit ne saurait suivre la trame irrégulière ; il exige en effet de l'unité et de la constance dans les rapports des éléments soit successifs, soit simultanés qu'il unit. Or, dans l'hypothèse, une simple juxtaposition de hasard rapprocherait pour un instant des éléments de séries distinctes qui, après s'être unies ici, se sépareraient là pour former de nouveaux mélanges aussi instables et aussi fortuits que les premiers : le chaos serait dans l'espace. On peut aller plus loin et prétendre qu'un pareil état de choses détruirait même l'ordre de succession dans le temps. Ces suites de phénomènes qui se croiseraient ainsi à l'aventure se pénétreraient-elles mutuellement sans se détruire ? mais alors comment suivre le développement propre de chacune d'elles ? comment les retrouver et les reconnaître à leur sortie de ce mélange où elles se seraient un instant confondues ? Il y aurait

donc à chaque confluent solution de continuité dans
la pensée. Si elles restent distinctes, tout en se heur-
tant l'une contre l'autre, de ces conflits incessants ne
résultera-t-il pas des ruptures sans nombre dans la
trame des choses, et aussi dans la trame de la pensée?
Il est donc impossible, si la pensée doit exister et
penser le monde, que les séries phénoménales courent
en quelque sorte follement, à droite, à gauche, et
qu'elles se rencontrent ici et se séparent là.

Admettra-t-on qu'elles se développent parallèlement
les unes aux autres? ce ne sera plus le désordre, mais
ce ne sera pas encore l'ordre véritable. Des gouttes
de pluie qui tombent toutes suivant la perpendiculaire
ne se font pas mutuellement obstacle : elles des-
cendent simultanément vers le sol, en conservant
leurs distances respectives, si on les suppose toutes
animées d'une même vitesse; mais il n'existe entre
elles que des rapports de situation dans l'espace. De
même, les éléments de séries phénoménales qui sui-
vraient des directions parallèles seraient toujours également distants l'un de l'autre ; mais la pensée veut
autre chose : elle exige des liaisons rationnelles entre
les phénomènes successifs, et, quand il s'agit de phénomènes coexistants, elle ne saurait se contenter d'une
juxtaposition géométrique qui laisserait subsister, sous
un ordre apparent, de véritables solutions de continuité entre les éléments rapprochés dans l'espace ;
parce qu'un phénomène s'accomplit en même temps
qu'un phénomène voisin, ce n'est pas une raison pour
qu'il y ait passage de l'un à l'autre ; des éléments in-

cohérents peuvent être donnés simultanément sur une
même ligne horizontale. Une telle hypothèse main-
tiendrait donc l'ordre dans la succession, mais elle
n'expliquerait pas l'ordre dans la coexistence; d'ailleurs, elle nous met en présence d'un infini insaisissable. Sans commencement et sans fin dans le temps,
ces séries linéaires emplissent l'immensité de l'espace; nous ne saurions donc avoir la prétention de les
parcourir et de les saisir en entier. Nous ne percevons que des individus limités dans le temps et dans
l'espace. Mais que peuvent être les individus dans une
telle hypothèse? Sont-ils constitués chacun par une
seule série phénoménale? alors ils sont sans commencement et sans fin? Comprennent-ils au contraire plusieurs séries parallèles? ils sont encore illimités dans
le temps, et les limites qu'on leur suppose dans l'espace
sont arbitraires, puisque toutes les séries parallèles
n'ont entre elles que des rapports de juxtaposition.

Il faut donc accepter la troisième hypothèse : les
séries phénoménales convergent vers un centre com-
mum. A priori il n'est pas impossible que l'univers
entier soit un vaste organisme où l'idée du tout dirige
harmonieusement les parties en les attirant à elle. L'expérience ne nous fournit aucune lumière à ce sujet;
bien que, par l'induction, nous puissions étendre au-
delà des limites de notre expérience les résultats observés, nous ignorons, et, vraisemblablement, nous
ignorerons toujours la totalité universelle. L'homme ne
connaît pas encore le petit coin du monde qu'il habite ;
quand connaîtra-t-il le système planétaire dont son

monde fait partie? Connaîtra-t-il jamais tous ces
mondes semés au-delà de notre soleil? La métaphysique parviendrait peut-être à démontrer que l'ensemble des choses doit réaliser harmonieusement une
fin posée par le premier principe ; mais, sans sortir du
sujet proposé, il nous suffit que cette convergence
universelle vers un but unique n'ait rien de contradic-
toire aux lois de la pensée, et qu'elle les satisfasse.
La pensée veut partout des liaisons rationnelles entre
les phénomènes coexistants, aussi bien qu'entre les
phénomènes successifs. Si toutes les séries phénoménales concourent vers un centre commun, les phénomènes sont en quelque sorte placés, dans l'ordre de
la coexistence, sur des cercles concentriques, et, dans
l'ordre de la succession, sur des rayons appartenant à
tous ces cercles ; le passage est désormais possible
dans tous les sens, d'arrière en avant, et de gauche à
droite, et ce n'est plus seulement une juxtaposition
géométrique, mais une subordination dynamique qui
détermine la place invariable de chaque élément du
tout ; l'ordre existe, et la pensée est satisfaite.

Mais les organes de cet organisme total sont eux-
mêmes des organismes. Le monde se compose d'êtres
individuels ; chacun d'eux est pour nous un ensemble
de séries phénoménales ; celles-ci, nous venons de le
voir, ne peuvent se développer suivant des directions
obliques ni croisées, ni suivant des directions parallèles ; il reste qu'elles rayonnent vers un centre commun. Le mécanisme qui réduit tout à un enchaînement linéaire de mouvements géométriques aboutit

à une dispersion universelle de la réalité dans l'espace.
A la loi mécanique de la succession il faut donc ajouter une loi organique de coexistence, qui rassemble et
concentre en un certain nombre de foyers déterminés les séries géométriques indéterminées par elles-
mêmes. Que cette concentration soit une œuvre d'art
ou le fruit d'un instinct, qu'elle résulte d'une tendance
inconsciente et pourtant efficace, inhérente aux phénomènes eux-mêmes, ou de l'action d'un être extérieur et supérieur à la nature, c'est ce qui n'est pas
en question ici; il nous suffit de savoir que la pensée
pourra suivre ses voies à travers les éléments coordonnés de ces systèmes. Logiquement, en effet, l'idée
du tout préexiste aux parties, la fin aux moyens.
Chaque partie est dès lors subordonnée à l'idée du
tout, et les relations des moyens entre eux résultent
de cette fin commune à laquelle tous concourent; la
juxtaposition des éléments n'est plus le résultat passager d'un hasard aveugle, mais l'œuvre durable d'une
finalité intentionnelle. Nous ne pouvons penser le si-
multané que si les phénomènes donnés en même
temps à la perception sont unis entre eux par des
rapports de subordination; cet ordre dans l'espace,
qu'exige la pensée, est aussi le seul fondement et la
seule garantie de notre croyance à l'union permanente
des qualités qui constituent, à nos yeux, les êtres naturels.

On remarquera que cette loi dynamique de coexistence est loin d'être aussi rigide que la loi mécanique
de succession. L'enchaînement dans le temps est in-

flexible, parce que les termes enchaînés sont des unités successives ; l'harmonie dans l'espace est flexible
au contraire, parce que des combinaisons différentes
des mêmes éléments peuvent être toujours harmo-
nieuses. Nous avons montré, dans le précédent chapitre, que la nature, quand elle réalise un type donné,
peut se mouvoir dans de certaines limites. De même,
la loi de finalité qui préside à l'épanouissement du
monde dans l'espace souffre une assez grande latitude dans les variations des combinaisons phénoménales ; elle exige que celles-ci forment des systèmes
clos, aux éléments coordonnés entre eux et subordonnés à une fin commune ; mais là se bornent ses
exigences ; elles ne vont pas jusqu'à imposer d'une
manière absolue et définitive les fins à réaliser. On
conçoit, en effet, qu'étant donné un nombre quelconque d'éléments à coordonner, on puisse en former
successivement des systèmes différents, qui tous ré-
pondront au besoin d'ordre inhérent à la pensée,
puisque tous seront des harmonies. Toutes les mélo-
dies sont faites avec les treize sons musicaux de la
gamme chromatique.

Il résulte de là que, si nous n'avons pas à craindre
de voir rompre l'union des qualités essentielles d'un
être donné, la permanence indéfinie des espèces n'est
pas garantie par la pensée ; du reste, l'expérience con-
firme cette conclusion *a priori* : la plupart des premiers habitants de la terre n'ont pas laissé de descendants. Nous n'avons pas à prendre parti pour la théorie
des transformations lentes, ni pour celle des créations

successives. Nous n'avons pas abordé le problème
métaphysique des origines, et, dans l'état actuel de la
science positive, on ne peut se prononcer entre Darwin
et ses adversaires. Si l'esprit se refuse à admettre
qu'un être organisé apparaisse subitement dans un
milieu où rien ne vivait avant lui, il lui répugne aussi
de concevoir que la matière inerte s'organise sponta-
nément; quelque petite qu'on suppose la quantité de
vie obscure qui gît dans l'organisme rudimentaire, elle
n'en manifeste pas moins un fait irréductible aux phénomènes inorganiques. Mais qu'on accepte la thèse
de Darwin ou qu'on la combatte, on ne saurait nier
qu'une multitude de formes organiques ont disparu
sans retour, pour faire place à des formes nouvelles.
Si nous avions à retracer les vicissitudes et les progrès de la vie végétale ou de la vie animale, il nous
serait aisé de montrer les divers ordres apparaissant
tour à tour à des époques déterminées, arrivant tour à
tour à leur maximum de développement, puis s'étei-
gnant l'un après l'autre, ou ne nous transmettant
que des représentants rares et débiles d'espèces autre-
fois riches et vigoureuses. Par conséquent, si le fond
commun de la nature demeure toujours identique,
la forme qu'il revêt peut se renouveler, et se renou-
velle en réalité.

Nous savons maintenant sur quel fondement repose
notre croyance à la subordination des caractères essentiels des êtres naturels. La pensée veut, entre toutes
les représentations et toutes les idées qu'elle unit, des
liaisons rationnelles : elle pense le monde, donc il

existe entre les éléments des choses des liaisons correspondant aux liaisons des éléments de pensée. Dans l'ordre du temps, l'enchaînement des antécédents et des conséquents est rigoureux et inflexible, et la régression et la progression des effets aux causes et des causes aux effets peut aller à l'infini ; dans l'ordre de l'espace, l'adaptation harmonieuse des moyens à une fin commune souffre des écarts et des transformations, sans pouvoir cependant cesser jamais d'exister et de présenter à l'esprit des systèmes nettement définis. Nous trouvons la garantie de cette permanence, absolue dans le temps, relative dans l'espace, dans les besoins mêmes de la pensée.

Une telle conception de la nature paraîtra peut-être en contradiction avec la liberté humaine. La volonté n'est pas seulement la faculté de prendre une résolution avec la conscience qu'on pourrait en prendre une autre ; un tel pouvoir n'aurait qu'une demi-efficacité. Deux possibles sont en présence dans mon esprit, aspirant tous deux à l'existence pour des raisons différentes ; après délibération, je me décide pour l'un ou pour l'autre ; si j'en reste là, le possible préféré demeure toujours à l'état de virtualité : il est maître du terrain, mais sa victoire est stérile, puisqu'il ne reçoit pas l'existence objective que mon choix semblait lui promettre. Une telle volonté ne serait-elle pas illusoire, semblable à celle d'un fou, qui, se croyant monarque, commanderait à des ministres, à des généraux, à des soldats imaginaires ? Vouloir, c'est tout à la fois terminer le conflit entre plusieurs possibles qui sollicitent de nous l'existence, et réaliser, à l'aide des matériaux fournis par la nature, le possible préféré. Mais, si les phénomènes naturels, pour être des objets de pensée, doivent former une trame continue, l'homme ne peut diriger à son gré les phénomènes vers des fins posées par lui, et auxquelles ils ne tendent pas naturellement, sans rompre les mailles du réseau. Sa liberté détruirait donc sa pensée.

Il est incontestable que les phénomènes forment des séries où chaque terme résulte de ceux qui le précèdent et produit ceux qui le suivent. Mais, si la première fonction de la nature est d'enchaîner chaque phénomène à un antécédent par le lien d'une nécessité rigide et aveugle, nous avons vu que ces séries de phénomènes sont coordonnées par groupes, suivant une loi de convenance et d'harmonie. Tout mouvement est à la fois produit par les mouvements antérieurs, et déterminé à une certaine direction par le but auquel il tend; si la production est nécessaire et mécanique, la direction est intentionnelle et variable. S'il est vrai que rien ne se crée et ne se perd dans la nature, que la même quantité de mouvement, ou mieux de force se conserve toujours, il est évident aussi, et l'étude des anciennes formes de la vie le prouve, que les systèmes constitués par une association de mouvements et de forces sont temporaires et changeants; la nature, inflexible dans le mécanisme, montre une très-grande flexibilité dans ses formes. A ce dernier point de vue, la volonté fait ce que fait la nature : elle pose des fins temporaires et variables, puis elle y coordonne

des séries de phénomènes ; elle ne fait donc pas violence à des lois qui ne sauraient disparaître sans en-
traîner avec elles la perte de la pensée ; elle détermine
seulement la direction des phénomènes suivant ses
fins, mais son pouvoir ne va pas jusqu'à créer des
mouvements nouveaux, ni jusqu'à soustraire les mouvements existants à la nécessité du déterminisme universel. Dans ce cas seulement on serait en droit de voir
en elle un principe de désordre et d'anarchie, contraire au principe même de toute pensée. Elle existe,
mais elle est limitée par les lois mêmes de la réalité,
dont le respect est la première condition du succès de
ses œuvres. Nous sommes libres, mais nous ne faisons pas de miracles. Il n'est donc pas à craindre que
l'homme apporte lui-même la perturbation dans la
nature et dans sa pensée.

CHAPITRE VII.

CARACTÈRES DES DÉFINITIONS EMPIRIQUES.

La définition empirique suppose une classification. — Imperfections des procédés pratiques de classification. — La définition empirique qui se fait par le genre et la différence est variable, temporaire et toujours provisoire.— Elle est un résumé et non pas un principe.

La nature se compose d'individus qui sont pour nous l'objet de représentations distinctes ; mais ces images ne sauraient entrer dans la science ; aussi la pensée y substitue-t-elle des notions générales d'où les accidents sont éliminés. Ces notions sont à la fois l'œuvre de l'expérience et de l'esprit lui-même. Nous commençons par analyser nos représentations sensibles ; puis, recueillant un à un les éléments communs ainsi extraits des images, nous en formons un tout, dont la permanence nous est garantie par la loi de subordination qui règle à la fois la coexistence des qualités essentielles dans les choses, et des idées élémentaires dans l'esprit. Cette synthèse d'éléments empiriques n'est donc pas arbitraire, puisqu'elle suit et reproduit l'ordre même de la nature.

Définir une telle notion, c'est en déclarer la compréhension ; c'est en quelque sorte étaler ce que nous

avons enfermé dans une idée. Ainsi, je forme l'idée
d'homme par une synthèse successive des caractères
communs à un certain nombre d'individus ; je la définis
en faisant sortir l'un après l'autre ces caractères du
tout qu'ils constituent, et je dis : l'homme est un être,
animal, vertébré, mammifère, bimane.

On doit, dans toute notion empirique, distinguer la
matière et la forme. La matière, ce sont les qualités
comprises dans la notion ; la forme, c'est le lien qui
fait de ces qualités un tout permanent ; la matière est
a posteriori, et la forme *a priori*. La matière varie
d'une notion à l'autre ; la forme est la même dans
toutes les notions ; il suit de là que les définitions
empiriques ont une forme commune *a priori*, et des
matières distinctes *a posteriori*. Il est aisé de voir que
toutes ces définitions se ramènent à la formule suivante : les êtres naturels sont des tissus de propriétés
générales incluses les unes dans les autres ; substituez
à ce sujet et à cet attribut indéterminés un sujet déterminé et un groupe déterminé de propriétés subordonnées, et vous aurez une définition.

Mais les propriétés essentielles des êtres n'ont pas
toutes même extension. Si l'on trouve dans les individus de l'espèce humaine, par exemple, des caractères qui les distinguent des individus de toutes les
autres espèces, on y rencontre aussi des propriétés
communes à tous les mammifères, à tous les vertébrés, à tous les animaux et à tous les êtres. La notion
complexe de l'espèce enveloppe toujours les notions
de plus en plus simples du genre, de la famille, de

l'ordre, de la classe et de l'embranchement, et, pour la former, il faut savoir comment les caractères de l'embranchement sont modifiés par ceux de la classe, ceux de la classe par ceux de l'ordre, ceux de l'ordre par ceux de la famille, ceux de la famille par ceux du genre, et enfin ceux du genre par ceux de l'espèce. Cette connaissance est le résultat de la classification, dont les degrés doivent reproduire la hiérarchie et la subordination des caractères naturels. La classification est donc antérieure à la notion, et, par suite, à la définition empirique; il résulte de là que notion et définition valent ce que vaut la classification.

Toute distribution naturelle des êtres en groupes de plus en plus étendus repose sur le principe de la subordination des caractères. Théoriquement, rien ne semble plus facile que de tracer ces cadres où doit entrer la réalité tout entière. Si la fonction la plus importante du végétal est la reproduction, les caractères des groupes les plus généraux seront tirés des organes reproducteurs; si une modification de l'appareil reproducteur entraîne des changements dans le système de nutrition, c'est à ce dernier qu'on devra emprunter les caractères des groupes inférieurs. Si, dans le règne animal, la fonction la plus élevée en dignité et en importance est la sensibilité et le mouvement spontané, le système nerveux et le système locomoteur fourniront les caractères des embranchements; si une sensibilité intense réclame un sang chaud, et si une sensibilité moins vive se contente d'un sang plus froid, les modifications du système circulatoire permettront d'établir des classes dans les embranchements; si un sang chaud exige une respiration active, si au sang froid suffit un échange lent entre les gaz intérieurs et les gaz extérieurs, l'appareil respiratoire fournira les caractères des ordres ; si la nutrition est subordonnée à la respiration, les caractères génériques seront tirés de l'appareil de nutrition ; et enfin, si de la nature des aliments dépend la forme des organes de préhension, on trouvera dans ces derniers les différences spécifiques. Il semble donc aisé de dégager des individus les caractères des divisions les plus étendues et des subdivisions les plus restreintes.

Mais en pratique, la chose est moins simple qu'en théorie. Les sciences qui font usage de la classification sont la minéralogie, la botanique et la zoologie. Les minéraux sont les moins complexes des êtres ; ils n'ont entre eux que des rapports de forme géométrique et de composition chimique ; rien ne paraît donc plus facile, au premier abord, que d'en déterminer les espèces et les genres ; pourtant il y a cent ans à peine que Werner a reconnu que « le système de la nature » minérale doit être constitué à la fois d'après la nature » chimique et la forme cristalline des corps, » et, si aujourd'hui les principes de la cristallographie semblent définitivement arrêtés, les savants sont loin de s'entendre sur les espèces chimiques. Les plantes, objet de la botanique, sont des êtres beaucoup plus complexes que les minéraux; elles vivent et se reproduisent ; aussi la distribution en sera-t-elle beaucoup moins aisée encore. On sait combien a été lent l'avénement de la méthode naturelle en botanique ; sans parler ici des vues d'Aristote, combien d'essais imparfaits ont précédé le système de Linné ! Depuis les travaux des deux Jussieu, nous possédons les principes d'une classification naturelle des plantes ; mais quelles difficultés ne rencontre-t-on pas quand on les applique ! Dans la méthode de Jussieu, les familles formaient une série linéaire, comme si la dernière famille des monocotylédons était supérieure en organisation à la famille la plus parfaite des acotylédons, comme si la dernière famille des dicotylédons présentait un organisme plus parfait que celui de la famille la plus élevée des monocotylédons. Cette disposition des familles sur une seule ligne ne suivait pas exactement la hiérarchie naturelle, et, de plus, elle laissait dans l'ombre certaines analogies importantes. On a reconnu le besoin de la modifier, et de substituer à cette unique série linéaire des séries parallèles ; on peut ainsi exprimer un plus grand nombre de rapports intimes, sans sacrifier les différences. Toutefois, malgré la relative simplicité des organismes végétaux, malgré les avantages incontestables de la distribution des familles en séries parallèles, on est loin encore d'avoir pu comprendre dans un seul tableau la subordination et la parenté de tous les groupes du règne végétal. Aussi les notions et, par suite, les définitions des êtres contenus dans ces groupes sont-elles incomplètes et provisoires.

C'est en zoologie surtout que se manifeste l'imperfection peut-être irrémédiable de nos procédés pratiques de classification. Toute notion empirique suppose une classification, et toute définition s'y réfère. Mais quand il s'agit de définir une espèce animale, quelle classification choisir ? adopterons-nous la classification de Cuvier, celles de Lamark, de Blainville, d'Ehrenberg, de Burmeister, d'Owen, de Milne Edwards, ou de Leukart, celles d'Oken, de Fitzinger, de Leay, celles de Baer, de Van Beneden, de Kölliker, de Vogt, ou enfin celle de Hæckel? Cuvier, Blainville, Ehrenberg, Milne Edwards, partagent le règne animal en embran-chements caractérisés par des plans différents de structure et par des dispositions spéciales du système nerveux; Lamark divise les animaux en *apathiques*, *sensitifs* et *intelligents;* les physio-philosophes alle-mands Oken et Fitzinger, partant de cette idée que l'homme est le prototype de l'organisation animale, admettent que tous les animaux inférieurs à l'homme sont pour ainsi dire l'homme fragmenté et dispersé, et, faisant de chaque appareil humain la caractéristique d'un groupe animal, superposent, dans l'ordre de per-fection, les *animaux-digestion*, les *animaux-circula-tion*, les *animaux-respiration*, les *animaux-os*, les *animaux-muscles*, les *animaux-nerfs* et les *animaux-sens.* Pour les embryologistes, « les formes animales » supérieures, à diverses phases du développement de » l'individu depuis le commencement de son existence, » jusqu'à son achèvement parfait, correspondent à » des formes permanentes de la série animale ; le dé-» veloppement de quelques animaux suit les mêmes

» lois que la série tout entière des animaux ; par
» suite, l'animal de l'organisation la plus élevée passe,
» durant son développement individuel, et pour tout
» ce qui est essentiel, à travers des phases, qui, chez
» des êtres moins nobles, sont l'état permanent ; si
» bien que les différences périodiques de l'individu
» peuvent être ramenées aux différences des formes
» permanentes des animaux (1). » De là cette classification de Baer en quatre types : le type périphé-
rique, le type longitudinal, le type massif et le type
vertébré. Pour ceux enfin qui voient dans tous les individus du règne animal des descendants d'un type
unique, perfectionnés par la double et incessante action de la concurrence vitale et de la sélection naturelle, la classification devra figurer le développement
du règne organique et la filiation des types.

On voit, par ce rapide aperçu, combien peu les
naturalistes sont d'accord sur la nature des caractères
propres aux embranchements. La diversité serait plus
grande encore si nous passions des embranchements
aux classes, des classes aux ordres, des ordres aux
familles, des familles aux genres. Pourtant chacune de
ces classifications repose sur une distinction réelle, et
sur une subordination naturelle des caractères. C'est
que l'animal est si compliqué, c'est que les organes
qui le constituent sont si nombreux et si variables,
qu'on ne saurait exprimer en même temps toutes les

(1) Cité par Agassiz, *De l'Espèce et de la Classification en zoologie*,
ch. III, sect. VI.

analogies qui les unissent et toutes les différences
qui les séparent. Aussi, chaque classification particulière n'est-elle qu'un fragment de la classification
idéale. « La nature elle-même, a dit Agassiz, a son
» système propre, à l'égard duquel les systèmes des
» auteurs ne sont que des approximations succes-
» sives, d'autant plus grandes, que l'intelligence
» humaine comprend mieux la nature. » Le mieux
serait sans doute d'unir et de combiner ces fragments
épars d'un même tout; mais nos procédés graphiques sont impuissants à rendre les analogies et les
homologies si variées de toutes les espèces d'un même
règne.

On a cru d'abord que les embranchements du règne
animal étaient comme soudés bout à bout en une série
unique; mais on a bientôt reconnu l'erreur de cette
doctrine. « Ainsi, les insectes ont certainement une
» organisation plus élevée que les derniers représen-
» tants des vertébrés, notamment les poissons cyclo-
» stomes; les mollusques céphalopodes l'emportent de
» beaucoup sur certains crustacés et sur les articulés
» inférieurs, vers et helminthes, et ces derniers, de
» même que les mollusques bryozoaires, restent au-
» dessous des échinodermes et des rayonnés supé-
» rieurs. Il est donc impossible de souder bout à bout
» les embranchements pour en faire une série unique,
» puisqu'ils empiètent les uns sur les autres par leurs
» extrémités. Au lieu de les figurer au moyen d'une
» seule ligne formée de cinq parties d'inégale lon-
» gueur, on doit les représenter par cinq lignes droites,

» verticales et parallèles (1). » Maintenant, si, dans un même embranchement, les classes s'échelonnent parfois régulièrement du simple au composé, souvent aussi l'une d'elles ne se termine pas où l'autre commence ; on aura donc dans un même embranchement des groupes isolés et des groupes parallèles. « Au lieu » de s'étendre sur une ligne verticale unique, les » divers éléments d'un ensemble peuvent s'étaler sur » une surface plane. Les groupes et les séries paral- » lèles prennent place les uns à côté des autres, de » manière que leurs termes homologues se trouvent » sur la même ligne horizontale, chaque série formant » d'ailleurs une colonne verticale dans laquelle les » termes se succèdent du simple au composé. Les » séries et les groupes qui ne sont pas parallèles entre » eux se succèdent également sur la verticale, du » simple au composé, et les types isolés sont inter- » calés dans l'ensemble selon leurs affinités. La situa- » tion en haut, en bas, à droite ou à gauche, indique » la supériorité ou l'infériorité, suivant les conven- » tions. Telle est, en peu de mots, la méthode de » classement par séries parallèles, dont Is. Geoffroy » Saint-Hilaire a fait de si heureux emplois (2). » Cette méthode a l'avantage d'exprimer à la fois les rapports directs et les rapports collatéraux des êtres classés ; mais elle manque de simplicité et elle laisse dans l'ombre les rapports divergents. Un naturaliste

_____

(1) Contejean, *Des Classifications et des Méthodes*, Revue des Cours Scient., 22 mai 1869.

(2) Contejean, *loc. cit.*

anglais, M. Leay, a cru qu'on pourrait encore exprimer un plus grand nombre de rapports, si l'on distribuait *circulairement* les divers représentants du règne animal. Il dispose tous les animaux de manière « à former un grand cercle, qui lui-même touche ou » se rattache à un autre grand cercle composé des » plantes, au moyen des êtres les moins organisés » du règne végétal. Les parties composantes de ce » cercle général sont cinq grands cercles formés par » les mollusques, les acrites et polypes, les rayonnés » ou étoiles de mer, les insectes ou annelés, et les ver- » tébrés. Chacun d'eux passe et s'enchaîne au suivant » au moyen d'un groupe, beaucoup plus petit comme » étendue, mais qui forme un anneau ou cercle oscu- » lant... Chacun de ces grands cercles contient cinq » groupes ou cercles moindres, dont chacun peut, à » son tour, se résoudre en cinq autres plus petits, » décrits suivant le même procédé... Ainsi, il y a » des cercles dans des cercles, *des roues dans des* » *roues*, — un nombre infini de relations complexes, » mais toutes réglées par un principe uniforme, la » *circularité* de chaque groupe (1). » Le nombre des analogies et des homologies figurées par cette méthode circulaire est certainement plus considérable que dans la méthode des séries parallèles ; mais il est encore incomplet. Il faudrait pouvoir disposer les embranchements, les classes et les ordres sur les faces et dans l'intérieur d'un parallélipipède, ou bien sur la surface

---

(1) Agassiz, *De l'Esp. et de la Classif. en zool.*, ch. III, sect. v.

et dans l'intérieur d'une sphère ; et pourtant on ne parviendrait pas encore à mettre en saillie les rapports divergents : il faudrait, pour cela, distribuer les êtres dans un de ces *hyperespaces* rêvés par les auteurs de la *géométrie imaginaire*. Du reste, les divisions ne sont pas toujours aussi nettement accusées dans la réalité que dans nos classifications. La distinction des embranchements est bien tranchée, et l'on ne peut espérer que les découvertes de la paléontologie viennent un jour l'effacer ; mais parfois la transition est insensible entre deux classes, entre deux ordres successifs. Ainsi, pour ne citer qu'un exemple, les chéiromys ont à la fois les caractères des singes et ceux des rongeurs ; auquel de ces deux ordres les rapporter ? On serait donc conduit, si l'on voulait exprimer toutes les affinités des espèces animales, à les disposer tantôt sur des lignes sinueuses, tantôt sur des cercles, tantôt sur des droites ; ici en groupes isolés, là en séries parallèles ; en cherchant l'ordre le plus grand, on aboutirait à la confusion. Il faut donc renoncer à l'espoir de faire tenir en un tableau tous les rapports qui unissent les innombrables représentants du règne animal.

On voit par là combien les définitions empiriques sont loin d'être assurées et immuables. Quand nous définissons une idée par le genre et par la différence, les deux éléments de l'attribut évoquent, l'un, le groupe des qualités propres à l'espèce, l'autre, le groupe des qualités communes à un certain nombre d'autres espèces. Il faudrait donc s'accorder d'abord sur les caractères des espèces et des genres. Si, dans la définition, on ne mentionne pas l'ordre, la classe et l'embranchement, c'est qu'ils sont impliqués dans le genre, en vertu de la subordination des caractères ; il faudrait donc être aussi d'accord sur la subdivision du règne animal ou végétal en embranchements, des embranchements en classes, des classes en ordres ou en familles. Il résulte de là que la définition d'une espèce naturelle variera selon le système de classification adopté ; on peut employer les mêmes noms pour désigner les espèces, les genres, les familles, les ordres, les classes et les embranchements sans s'accorder sur le fond des choses. En effet, chacune des subdivisions d'un règne naturel est l'expression de certaines analogies plus ou moins étendues, et les divers systèmes ne sont, nous l'avons vu, que des approximations variées de la vérité. Ainsi, le terme *mammifère* n'a pas la même signification dans la classification de Linné et dans celle de Cuvier : pour celui-ci, il exprime un nombre plus considérable de caractères et d'affinités organiques que pour celui-là. Bien que Hæckel fasse usage de ce terme *mammifère*, consacré par l'usage, il n'y attache pas le sens qu'y attachait Cuvier ; pour ce dernier, les mammifères sont une classe autonome en quelque sorte, sans parenté directe avec les autres classes du règne animal ; pour le premier au contraire, ils sont une classe issue, par voie de transformations lentes, d'un archétype animal, sorti lui-même de la monère autogone, souche commune des végétaux et des animaux. Il n'est pas impossible qu'on parvienne un jour à fondre en un seul tous les systèmes de classification qui se partagent aujourd'hui les savants ; mais jusque-là, les définitions empiriques ne seront pas irrévocablement closes ; la formule n'en variera peut-être pas ; dans un siècle, on pourra définir encore l'homme un mammifère bimane ; mais les choses désignées par ces mots, mammifère et bimane, auront peut-être changé ; on aura peut-être reconnu la fausseté de certaines affinités admises aujourd'hui comme vraies ; on aura découvert de nouvelles analogies encore cachées à nos yeux. Par conséquent, jusqu'à la constitution définitive des systèmes naturels, les définitions empiriques doivent rester à l'état instable.

Mais, le jour où tout désaccord aurait cessé entre les savants sur la valeur et les caractères propres des subdivisions de la nature, les définitions seraient encore loin d'être complètes et définitives. En premier lieu, il faut toujours tenir compte des méprises possibles de l'expérience ; l'observation anatomique est des plus délicates ; l'œil doit souvent s'armer du microscope, et, alors, à quelles illusions n'est-il pas exposé ! De cette façon, l'erreur peut toujours s'introduire dans une classification dont les degrés correspondraient cependant à la hiérarchie véritable des caractères naturels ; de là l'erreur passe dans la définition ; celle-ci ne saurait donc jamais être affranchie de tout soupçon. En second lieu, nous avons vu qu'il était impossible à l'homme de figurer, avec les procédés dont il dispose, les analogies si variées qui

unissent entre elles les espèces d'un même règne. Les
définitions, si remplies qu'on les suppose, ne contien-
dront donc jamais l'essence entière des êtres définis;
elles sont des expressions de plus en plus approchées
d'une réalité qui ne sera jamais exprimée d'une manière adéquate.

Supposons même que, par impossible, l'esprit humain ait pénétré le détail infini des êtres naturels,
qu'il en ait découvert tous les rapports intérieurs, extérieurs, directs, collatéraux et divergents, qu'il ait
réussi à exprimer, sans en omettre aucune, toutes les
différences et toutes les affinités des espèces, la classification et les définitions qui l'accompagnent ne seraient
pas encore immuables. L'analyse des lois de la pensée
nous a prouvé que les fins poursuivies et les formes réalisées pouvaient changer, sans que l'ordre fût détruit;
l'expérience nous montre qu'elles ont changé et qu'elles
changent encore. Des espèces, des classes même sont
disparues; d'autres espèces, d'autres classes les ont
remplacées, et disparaîtront sans doute à leur tour.
Que les groupes nouveaux rentrent dans les cadres généraux de nos systèmes, c'est ce qu'on admettra, en
vertu de la loi de finalité qui règle la coexistence des
êtres; mais on reconnaîtra qu'ils n'occupent pas juste
dans ce cadre la place laissée vide par les groupes dis-
parus. Voilà donc de nouveaux termes, et, par suite,
de nouveaux rapports introduits dans les systèmes; les
lignes générales de la classification demeurent, mais
il faut en modifier le détail. La classification parfaite
ne serait donc que le tableau temporaire de la nature,

et la durée en serait subordonnée aux vicissitudes de la nature elle-même. La définition empirique ne saurait donc être éternelle; elle s'évanouit lorsque l'être qu'elle exprimait n'est plus.

On voit, par ce qui précède, quels sont le rôle et la place des définitions de cette sorte dans la science. Nous percevons des individus; ces individus sont pour la pensée des systèmes de propriétés de plus en plus générales; chaque propriété résulte de certaines dispositions intérieures et de certaines affinités extérieures; c'est par l'expérience que nous constatons ces dispositions et ces affinités, et, à mesure que s'étendent la puissance et le champ de notre observation, nous pénétrons plus avant dans la texture des êtres, et nous saisissons entre eux des rapports de plus en plus amples. Le terme de la science serait la découverte et la distribution hiérarchique de toutes les propriétés de tous les êtres; nous croyons *a priori* qu'il existe un système de la nature, nous en traçons même les cadres; mais c'est à l'expérience seule qu'il appartient d'accumuler les caractères concrets dans ces formes. La classification et la définition sont donc à la fin, et non pas à l'origine de la science. Les anciens avaient raison de dire que savoir c'est définir; mais, ici, la définition n'est que le développement de la notion, et la notion empirique est le résultat d'une synthèse progressive.

Les définitions empiriques ne sont qu'un résumé, moins condensé que la notion, des propriétés de l'être défini. Nous faisons tenir en un certain nombre d'idées générales, exprimées par des noms communs, toutes les propriétés spécifiques et toutes les affinités génériques des êtres de nature. Si la chose était possible, ces notions devraient suivre la découverte de tous les caractères qu'elles doivent contenir ; mais si nous les formons prématurément, nous ne les fermons pas ; elles demeurent ouvertes à toutes les qualités que l'expérience découvre chaque jour. Ces résumés des résultats empiriques devraient nous suffire ; mais ils ont le grave défaut d'être pour l'esprit, si on ne les décompose pas, des touts irréductibles l'un à l'autre, et nous savons que les êtres distincts sont cependant unis par des liens plus ou moins étroits ; ce sont ces relations que la définition a pour objet de mettre au jour ; elle se fait par la différence spécifique et par le genre. La différence spécifique nous apprend par quoi l'espèce définie se distingue de toutes les autres espèces ; le genre, par quoi elle se rattache à toutes les subdivisions du règne auquel elle appartient ; les notions non développées demeurent à tout jamais isolées l'une de l'autre ; les notions développées, c'est-à-dire définies, restent distinctes, et pourtant elles soutiennent toutes ensemble des rapports mutuels. La science est à l'état latent dans la notion ; la définition la fait passer à l'acte.

CHAPITRE VIII.

CONCLUSION.

Résumons brièvement les résultats obtenus.

Toute notion générale contient une matière et une forme ; la matière, ce sont les éléments constitutifs ; la forme, c'est le lien qui fait de ces éléments des ensembles permanents et déterminés ; la matière est donc essentiellement multiplicité, et la forme, unité.

La matière des notions géométriques, c'est l'espace indéfini, passif, indéterminé et partout semblable à lui-même ; aussi toutes les notions géométriques ont-elles un fond identique, et ne peuvent-elles être distinguées l'une de l'autre par leur contenu ; les lignes, les surfaces, les solides sont des déterminations d'un même espace ; la distinction ne vient donc pas de la matière. On peut, il est vrai, diviser cette matière commune en unités semblables, et il semble alors que les notions doivent être distinguées l'une de l'autre par le nombre des éléments qu'elles contiennent ; mais l'espace est par lui-même un continu homogène, et c'est idéalement que nous le partageons en unités de grandeur constante et déterminée ; la division de la matière en éléments constitutifs ne vient donc pas de la matière elle-même ; et d'ailleurs en vînt-elle, comme ces unités étendues sont

juxtaposées sans aucune solution de continuité, elles
ne sauraient former par elles-mêmes des ensembles
limités et définis. Du reste, les accroissements ou les
diminutions du contenu n'altèrent en rien l'essence
de la notion géométrique ; les limites des figures peuvent se mouvoir dans l'espace ; leur contenu, par suite,
croître ou décroître ; si les relations des limites ne
changent pas, la notion demeure toujours identique.
La matière est donc, en géométrie, le principe de
communauté, et non pas le principe de spécification.

Il en est autrement dans les notions empiriques. Le
contenu est ici un ensemble de qualités variées et irréductibles. Je perçois par les sens des individus isolés
dans l'espace ; par l'abstraction, j'en dégage les propriétés communes et j'en élimine les accidents ; mais il
ne faudrait pas croire qu'en passant ainsi de la sensation à l'idée, je me sois débarrassé de la diversité et de
la qualité. Si loin que je pousse la réduction, je suis
toujours en présence d'un certain nombre de types
qu'on ne saurait fondre en un seul, et chacun d'eux
est un groupe de qualités qu'il m'est impossible de
transformer en formules purement intelligibles. Ici, la
matière est donc fournie par les sens, et l'élaboration
qu'elle subit pour pouvoir entrer dans la science ne
lui enlève pas son caractère primitif ; en devenant objet
pour la pensée, elle ne cesse pas d'être objet pour la
sensibilité, ou mieux pour l'imagination. Par conséquent, au contraire de ce qui a lieu en géométrie, la
matière est, dans les notions empiriques, un principe
de diversité et non de communauté.

La forme, en géométrie, est l'œuvre de l'esprit. L'espace homogène, indifférent à toute détermination, nous est donné ; nous appliquons l'unité réelle de la pensée à cette multiplicité virtuelle et indéterminée, et de cette union résultent des notions multiples et unes à la fois. Si l'espace n'était, comme le veut Leibnitz, que l'ordre des coexistences possibles, nous n'engendrerions que des nombres ; mais, bien qu'il ne soit pas un objet de sensation, il est cependant un objet d'intuition ; aussi les limites que nous imposons à la multiplicité virtuelle qu'il contient sont-elles aussi des objets d'intuition. Mais il résulte de là qu'un intermédiaire, un et multiple à la fois, est indispensable entre l'esprit et l'espace : c'est le mouvement qui réalise hors de nous l'unité, qui, sans lui, resterait toujours idéale. Étant donnés l'esprit un, le mouvement, un par son origine et multiple par ses points d'application, l'espace multiple en puissance, et par là même indéterminé, il est aisé de concevoir et de se représenter la génération des notions géométriques ; chacune d'elles est une réalisation distincte de l'unité dans la mutiplicité, par l'intermédiaire du mouvement. La loi à laquelle le mouvement obéit pour engendrer ainsi les figures résulte à la fois de l'esprit et de l'espace ; c'est l'esprit qui la pose ; mais les conditions que la pensée impose au mouvement impliquent l'existence de la multiplicité indéterminée qu'il s'agit de déterminer. L'esprit est donc le principe actif, et l'espace, le principe passif de la loi de construction, qui, réalisée, devient la limite d'une figure définie. Or l'espèce propre d'une figure résulte non de son contenu, mais de sa limite ; cette limite est tracée par le mouvement; mais le mouvement ne fait qu'appliquer à la multiplicité de l'espace l'unité de la pensée ; l'esprit lui-même est donc, en dernière analyse, l'auteur de la diversité spécifique en géométrie.

C'est encore lui qui fournit leur forme aux notions empiriques ; mais, ici, la forme est un principe de communauté et non plus de diversité. Toute notion empirique n'est pas un simple ensemble, mais un système de qualités sensibles : si ces éléments pouvaient se séparer au hasard, s'ils n'avaient pas entre eux des rapports permanents, il ne nous servirait de rien de substituer la notion à la sensation, et jamais nous ne pourrions parvenir à la science. Mais une nécessité invincible de l'esprit nous force à concevoir que les qualités des choses sont unies par un lien durable ; autrement les phénomènes simultanés ne sauraient entrer dans la pensée. Il résulte de là que, pour l'esprit, un être naturel est un système de qualités enchaînées et subordonnées les unes aux autres. Telle est la forme de toutes les notions empiriques ; nous extrayons des sensations les éléments communs qu'elles renferment, et nous les réunissons en un tout, non sur la foi de la sensation elle-même, mais sous la garantie du principe rationnel qui préside à la science des phénomènes coexistants. Ce cadre vide de toutes les notions empiriques ne préexiste pas plus à l'expérience que les formes géométriques à l'intuition de l'espace ; mais aussitôt que les qualités nous sont don-

nées par la sensation, nous les unissons instinctive-
ment d'une façon durable ; c'est l'analyse qui, plus tard,
sépare dans la notion la forme de la matière ; mais
tandis qu'en géométrie, de chaque notion elle dégage
une forme nouvelle, dans les notions empiriques elle
trouve partout et toujours une forme unique et invariable ; par conséquent, tandis qu'en géométrie la
forme est un principe d'unité et de diversité, elle est,
dans les notions empiriques, un principe d'unité et de
communauté.

De là résultent les différences profondes des définitions géométriques et des définitions empiriques.

Puisque, dans la notion géométrique, la matière est
passive, indifférente et partout homogène, et que l'essence résulte de la limite, c'est cette limite que la définition doit énoncer. Mais la limite, c'est la forme, et la
forme dérive d'une loi posée par l'esprit, et réalisée
par le mouvement. La définition fera connaître cette
loi ; on est donc autorisé à l'appeler *définition par génération*, ou encore *définition formelle*.

Dans les notions empiriques, au contraire, la forme
est partout la même, et l'essence résulte du contenu
variable qu'elle enveloppe ; c'est ce contenu que la définition doit énoncer. Mais ce contenu est un système
de qualités sensibles ; la définition énumérera ces qualités constitutives, en respectant leurs rapports mutuels, garantis par la loi de la subordination. On peut
donc l'appeler *définition par composition*, ou encore
définition matérielle.

La loi qu'énonce la définition géométrique est

l'œuvre de l'esprit ; les qualités qu'énumère la définition empirique sont des révélations de l'expérience. La définition formelle est donc *a priori*, et la définition matérielle *a posteriori*.

Toute notion complexe résulte d'une synthèse ; mais, en géométrie, la synthèse trace des limites dans la quantité extensive ; dans les sciences de la nature, elle accumule des qualités intensives dans une forme vide donnée par l'esprit ; la définition des notions géométriques en expose la limite ; la définition des notions expérimentales en développe le contenu ; la première peut donc encore recevoir le nom de *définition synthétique*, et la seconde celui de *définition analytique*.

La notion géométrique est, pour ainsi parler, engendrée d'un seul coup ; la définition en est, par conséquent, définitive et immuable. La notion empirique se remplit graduellement par les découvertes successives d'une expérience qu'on ne peut jamais déclarer pleinement achevée ; la définition en est donc progressive et toujours provisoire.

La forme, essence de la notion géométrique, vient de l'esprit lui-même ; l'espace passif la reçoit sans opposer de résistance, et la conserve sans l'altérer ; la définition géométrique est donc aussi durable que la pensée elle-même. Le système de qualités sensibles, essence de la notion expérimentale, vient de la perception ; sans parler des méprises de l'expérience, qui nous font souvent confondre l'accident et l'essence, ces qualités peuvent disparaître ou se modifier ; la définition empirique n'est donc que l'expression temporaire d'une réalité changeante.

Enfin, les définitions géométriques sont des principes de connaissance ; les définitions empiriques ne ne sont que des résumés. Les unes et les autres contiennent la science à l'état virtuel, mais avec cette différence que les premières en précèdent le développement, et que les secondes le suivent. En géométrie, nous posons des définitions grosses de conséquences ; la détermination de l'espace y est la première démarche de l'esprit ; mais on peut s'en tenir là et s'abstenir de dérouler la série des théorèmes. Dans les sciences de la nature, avant de poser les définitions, il faut avoir fait la science, et celle-ci, pour pouvoir se concentrer dans la notion et dans la définition, retourne à l'état de puissance, après avoir existé en acte. Par conséquent, alors même que l'on parviendrait à réduire la qualité intensive à la quantité extensive, la science géométrique et la science empirique différeraient encore par la genèse et le rôle de leurs notions fondamentales.

TABLE DES MATIÈRES.

CHAPITRE IV.

RÔLE DES DÉFINITIONS DANS LA DÉMONSTRATION GÉOMÉTRIQUE.

CHAPITRE V.

HIÉRARCHIE DES CARACTÈRES EMPIRIQUES.

CHAPITRE VI.

PRINCIPE A PRIORI DE LA CLASSIFICATION.

CHAPITRE VII.

CARACTÈRES DES DÉFINITIONS EMPIRIQUES.

CHAPITRE VIII.

———

VU ET LU, *à Paris, en Sorbonne, le 10 avril 1873 , par le doyen de la Faculté des lettres,*

        PATIN.

            Vu et permis d'imprimer :
        Le vice-recteur de l'Académie de Paris,
            A. MOURIER.

Poitiers. — Typ. de A. Dupré, rue Nationale.

A la même librairie philosophique.

Le Fondement de l'Induction (thèse), par J. LACHELIER, maître de conférences à l'École normale. 1 vol. in-8°, 1871. . . . . **3 fr.**

De Natura syllogismi apud facultatem litterarum Parisiensem hæc disputabat, J. LACHELIER (thèse) in-8°, 1871. . . . . **1 fr. 50**

La Philosophie de Platon, exposition, histoire et critique de la Théorie des Idées, par ALFRED FOUILLÉE, maître de conférences à l'École normale. Ouvrage couronné par l'Académie des sciences morales et politiques et par l'Académie française. 2 forts vol. in-8°, 1869. **15 fr.**

La Philosophie de Socrate, par ALFRED FOUILLÉE. Ouvrage couronné par l'Académie des sciences morales et politiques. 2 vol. in-8°, 1873. . . . . **15 fr.**

La Liberté et le Déterminisme (thèse), par ALFRED FOUILLÉE. 1 vol. in-8°, 1872. . . . . **7 fr.**

Platonis Hippias minor, sive Socratica contra liberum arbitrium argumenta (thèse), par ALFRED FOUILLÉE. In-8°, 1873. . . . **2 fr.**

Histoire de la science politique dans ses rapports avec la morale, par PAUL JANET, membre de l'Institut, professeur à la Faculté des lettres de Paris. Seconde édition, 2 vol. in-8°, 1872, revue, remaniée et considérablement augmentée. Ouvrage couronné par l'Académie des sciences morales et politiques et par l'Académie française. . **16 fr.**

Œuvres philosophiques de Leibnitz, avec une introduction et des notes, par PAUL JANET, membre de l'Institut, professeur de philosophie à la Faculté des lettres de Paris. 2 très-forts vol. in-8°, ornés d'un beau portrait de Leibnitz, 1866. . . . . **15 fr.**

Système de logique déductive et inductive, exposé des principes de la preuve et des méthodes de recherche scientifique, par JOHN STUART MILL. Traduit sur la sixième édition anglaise de 1866 par LOUIS PEISSE. 2 forts vol. in-8°, 1867. . . . . **15 fr.**

La Psychologie anglaise contemporaine (école expérimentale), par TH. RIBOT, ancien élève de l'École normale, agrégé de philosophie. 1 vol. in-12°, 1870. . . . . **3 fr. 50.**

L'Hérédité, étude psychologique sur ses phénomènes, ses lois, ses causes, ses conséquences (thèse), par TH. RIBOT, agrégé de philosophie. 1 fort vol. in-8°, 1873. . . . . **7 fr. 50**

La Philosophie de Malebranche, par OLLÉ-LAPRUNE, professeur de philosophie au lycée Corneille. Ouvrage couronné par l'Académie des sciences morales et politiques et par l'Académie française. 2 forts vol. in-8°, 1870. **15 fr.**

De la Science et de la Nature, essai de philosophie première, par F. MAGY, agrégé de philosophie. 1 vol. in-8°, 1863. Ouvrage couronné. . . . . **6 fr.**

Poitiers. — Typ. de A. Dupré.

www.ingramcontent.com/pod-product-compliance
Lightning Source LLC
Chambersburg PA
CBHW070528200326
41519CB00013B/2974